低渗透油藏渗吸开采机理研究

郭 肖 高振东 著

科学出版社

北京

内 容 简 介

本书内容涵盖多孔介质渗吸理论、低渗透储层微观孔喉结构恒速压汞实验、模拟地层条件渗吸实验、高温高压渗吸前后 CT 扫描实验、核磁共振水驱油实验以及低渗透油藏渗吸-驱替双重介质渗流数值模拟研究。

本书可供从事油气田开发的研究人员、油藏工程师以及油气田开发管理人员参考，同时也可作为大专院校相关专业师生的参考书。

图书在版编目（CIP）数据

低渗透油藏渗吸开采机理研究/郭肖，高振东著. —北京：科学出版社，2022.11

ISBN 978-7-03-073718-2

Ⅰ. ①低… Ⅱ. ①郭… ②高… Ⅲ. ①低渗透油层－石油开采－研究 Ⅳ. ①TE348

中国版本图书馆 CIP 数据核字（2022）第 208255 号

责任编辑：罗　莉 / 责任校对：彭　映
责任印制：罗　科 / 封面设计：墨创文化

科　学　出　版　社 出版
北京东黄城根北街 16 号
邮政编码：100717
http://www.sciencep.com
四川煤田地质制图印刷厂 印刷
科学出版社发行　各地新华书店经销
*
2022 年 11 月第 一 版　开本：787×1092　1/16
2022 年 11 月第一次印刷　印张：9
字数：220 000
定价：128.00 元
（如有印装质量问题，我社负责调换）

前　言

　　渗吸采油作为裂缝性油藏重要的二次采油机理，在低渗透油藏开发中得到验证和应用，已经引起工程师和研究人员越来越多的关注。通常渗吸速度与强度受到岩块几何形态、孔隙度、渗透率、润湿性、毛管力、流体密度、黏度、界面张力、热动力条件、原始饱和度、边界条件、裂缝特性、注入速度等因素影响。渗吸分为静态渗吸和动态渗吸。静态渗吸是低渗透油藏在静态条件下依靠毛管力作用润湿相驱替非润湿性相。动态渗吸在一定程度上能够反映低渗透油藏的实际采油过程。低渗透油藏在不同开采阶段，黏滞力、毛管力、重力的主导地位不同，导致渗吸发生作用的强度不同。动态渗吸主要研究驱替过程中黏滞力与渗吸力的平衡，通过黏滞力与渗吸毛管力的协调达到最佳组合，实现最佳开采方式。通过实施储层改造、降低注入流体界面张力、改变储层润湿性、水平井联合直井开发等可提高渗吸速度与渗吸强度，同时结合周期注水、单井吞吐、气水交替等开采方案可形成适合裂缝性低渗透油藏特点的水动力学采油技术。

　　本书共分为 7 章。第 1 章为绪论，主要阐述国内外渗吸研究进展；第 2 章为多孔介质渗吸理论，主要包括静态渗吸特征、动态渗吸特征、渗吸发生条件、渗吸模型及渗吸实验；第 3 章为杏子川长 6 储层微观孔喉结构恒速压汞实验研究；第 4 章为杏子川长 6 储层模拟地层条件渗吸实验研究，主要包括渗吸实验原理、实验装置与实验步骤及模拟地层条件渗吸实验结果分析；第 5 章为杏子川长 6 储层高温高压渗吸前后 CT 扫描实验研究，主要包括 CT 扫描实验装置及步骤、CT 扫描实验结果及分析；第 6 章为杏子川长 6 储层核磁共振水驱油实验研究，主要包括核磁共振可动流体实验原理与方法、核磁共振水驱油实验装置及步骤、核磁共振水驱油实验结果分析以及延长其他区块岩心油水渗流驱替实验；第 7 章为渗吸-驱替双重渗流数值模拟研究，主要包括裂缝性油藏渗吸开采流体渗流数学模型及求解、裂缝性油藏渗吸开采数值模型，以及敏感性分析裂缝渗透率与基质渗透率比值、压力变化、基质渗透率、原油黏度、毛管力、含油饱和度、裂缝间距、相对渗透率曲线、注入量对渗吸作用的影响。

　　限于作者的水平，本书难免存在不足之处，恳请同行专家和读者批评指正，以便今后不断对其进行完善。

目　　录

第1章　绪　　论

1.1　渗吸的概念

渗吸现象是一个非常复杂的现象，渗吸速度与强度受岩块的几何形态、物性特征（孔隙度、渗透率、润湿性和毛管力等）、流体的特性（密度、黏度、界面张力）、热动力条件、原始饱和度、边界条件、裂缝特性、注入速度等因素影响。油藏的岩石是亲水的，当水沿着次生孔隙系统侵入油藏时，依靠毛管自吸作用就能把油从低渗透基质中驱替出来。同时，水将沿着直径较小的孔隙侵入基质岩块中，然后油沿着较大的孔隙被驱替出来，驱替效率（原油采收率）取决于孔隙的空间结构、岩块大小及地层条件下原油和驱油的水的性质。当基质渗透率很低时，以毛管自吸作用为基础的油藏开发方式，从实践的观点来看是可行的。在裂缝-基质油层中，水沿裂缝朝前运动，结果是饱和油的基质被水包围，将发生多孔基质的三维毛管渗吸作用，如果这种油层的多孔基质不具有渗透性，此时的毛管自吸作用将起决定性的作用。另外随着渗吸的进行，岩心中饱和度发生变化，引起毛管力梯度变化，改变了渗吸速度，实际油层中在饱和度分布、非均质性、润湿性等多方面因素综合作用下产生毛管力梯度，从而引起对流吸渗过程。

岩石的润湿性和渗透率影响着基质排油的速度，而注入速度和裂缝渗透率则影响着渗吸排油的效率；不同润湿性的岩石，其渗吸排油能力也是不同的。对于亲水性较强的岩石，其渗吸排油能力较强、排油快，对这种岩石可以采用较快的采油速度进行开采；对于亲水性较弱的岩石，排油能力差、排油慢，为使渗吸排油尽可能充分，最好采用较慢的采油速度进行开采；对于渗透率较低的岩石，由于其渗吸排油速度慢，应适当降低采油速度；对渗透率较高的岩石，可适当加快采油速度，这样既可以获得较高的采收率，又能缩短开采时间。实验分析表明动态渗吸是一个连续过程，在不同的阶段各种作用力贡献率不同。

渗吸采油作为裂缝性油藏的重要二次采油机理是在 20 世纪 50 年代初在美国得克萨斯州的斯普拉柏雷油田砂岩粉砂岩裂缝性油田被首次发现的。该油田初期原油产量很高，但是油井产量很快急剧下降，油田原油一次采油采收率很低。因此，油田工程师开始研究可行的低渗透裂缝油藏二次采油措施，发展了采用渗吸驱替的采油方法。国内外油田开发实践表明，裂缝性油藏地层通常为水湿油层，充分发挥毛管力渗吸作用在一定条件下可成为一种开采这类油层的可能有效方式，对于水湿裂缝性储层，毛管力渗吸作用可以把原油从低渗透的基质岩块置换到高渗透裂缝中。

1.2　国内外渗吸研究进展

1958 年，Aronofsky 等[1]进行了岩心渗吸实验，他们将岩心浸泡于不同高度的油相中，并且分析了油水界面高度与渗吸采出程度之间的关系。单块岩心的原油采收率随时间呈指数下降关系，从而建立了 Aronofsky 渗吸模型。

1960 年，Handy[2]基于砂岩渗吸动力学进行了分析与实验，研究在毛管力、浮力和黏性力控制下的渗吸极限及垂向上发生位移，研究发现可以用扩散型方程或正向推进方程来描述渗吸现象。

1962 年，Mattax 和 Kyte[3]综合考虑了渗吸实验中流体性质和岩心参数对渗吸驱油效率的影响，提出了 M-K 自吸采出程度标定方程，定义了无因次渗吸时间，并表明无因次渗吸时间（T_{D1}）取决于基质几何形状和流体的物性。

1978 年，DuPrey[4]试验了重力和毛管力之间的平衡（基于表面张力的影响，他确定了一个无量纲量，即 $B = \rho g r^2 / \sigma$，其中 B 为邦德数，ρ 为流体密度，r 为毛管半径，σ 为界面张力），将毛管力（毛管入口压力的测量值）与重力（长度为 H 的重力压头）的比率称为 N_b^{-1}，当 N_b^{-1} 较大时，毛管力支配流动，当 N_b^{-1} 接近 0 时，重力支配流动。

1990 年，Cuiec 等[5]使用白垩系样品对低渗透率多孔介质在不同界面张力值时对油的自然渗吸进行了大量试验研究。他们发现降低渗吸盐水相和油相间的界面张力减缓采油速度，符合 Mattax 和 Kyte 的理论，他们的试验结果表明随表面张力的降低，最终采收率升高。

1991 年，Schechter 等[6]通过实验数据与理论推导相结合，分析了毛管力作为主要驱动力时的自发渗吸与重力作为主要驱动力时的自发渗吸。在毛管力与重力交点处存在最佳的界面张力使得毛管力与重力同时贡献，此时基质渗吸达到最快渗吸速度；在低界面张力体系中重力控制下的顺向渗吸，由于节流机制的抑制，总采收率可能会很高；在高渗透砂岩中，通过降低界面张力可实现驱动力由毛管力向重力的转变；由于界面张力梯度的作用，非稳态渗吸或许可以极大地提升渗吸速度。

1992 年，Cruz-Hernandez 和 Perez-Rosales[7]基于渗吸现象是一种扩散现象的假设，运用扩散方程建立了相应的解析模型，并在此基础上结合贝雷（Berea）砂岩实验验证了模型的准确性，该模型可有效预测裂缝性油藏注水开发效果。

1993 年，Keijer 和 Vries[8]公布了用贝雷砂岩进行试验的结果。他们发现降低界面张力对最终采收率无影响，但对渗吸速度有一些影响。他们发现把界面张力降低为原来的 1/12，表面活性剂溶液以 1/2 水渗吸速度吸渗，把界面张力降低到原来的 1/3000，表面活性剂溶液以 1/5 水渗吸速度被渗吸。这表明驱动力与界面张力不呈一定的比例关系。在分析低界面张力流动时大多忽略了重力驱动流动的影响。

1994 年，Schechter 等[9]研究表明，当界面张力和 N_b^{-1} 适度低时，重力和毛管力都是重要的，并且在油/水/乙醇体系中，当 N_b^{-1} 被减小时，存在一种从毛管力控制的流动到重力控制的流动的过渡。他们研究表明，对具有低渗透率（$15 \times 10^{-3} \mu m^2$）且润湿相和非润湿相之间的界面张力高的试验，毛管作用启动对流渗吸并且从侧面产出油，在中等界面张力时，发现油滴即从侧面、顶面排出岩心。尽管发生渗吸更缓慢，最终采收率略高于高界面张力时的情形。在低界面张力时，总产油量存在实质性提高，但完成渗吸需要比高或中等界面张力流体渗吸更长时间。

1994 年，Babadagli[10]通过将室内实验与数值模拟技术相结合，确定了渗吸的注入速度以及毛管力的大小。裂缝形态成为基质饱和分布的有效参数，然而随着速率的降低，无论裂缝形态如何变化，裂缝-基质系统都将表现出均质性。

1995 年，Zeybek 等[11]采用数值模拟技术研究了渗透率、润湿性及非均质性对逆向、顺向渗吸效果的影响，并强调了流动状态以及边界条件的重要性。

1995 年，Zhou 等[12]研究了原油的搁置时间和温度对水渗吸驱油及最终采收率的影响，发现随搁置时间的增加和温度的升高，短期渗吸速率出现系统性减小；实验原油的轻烃蒸发以后，原油改变最初水湿砂岩润湿性的能力有轻微提高；对弱水湿岩心来说，可以观察到由长期自然渗吸而引起的高采收率。

1996 年，Al-Lawati 和 Saleh[13]研究了由自然渗吸和重力分离所引起的减小的界面张力对采收率的影响。一方面，由表面活性剂溶液渗吸过程控制的静态渗吸通过降低油和渗吸流体的表面力采出残余油；另一方面，通过降低界面张力，导致渗吸的毛管力减小。试验中基质岩块被渗吸流体所包围，静态渗吸实验结果表明，提高最终采收率需要最小的邦德数。然而，界面张力的减小可以提高或降低渗吸速度实质上取决于毛管力和重力的相对贡献。用四种不同的表面活性剂溶液（不同的界面张力）在三个渗透率范围内进行试验的结果表明，在三种不同的状态时发生吸渗：毛管力占支配地位，重力占支配地位，两种都影响渗吸过程。

1996 年和 1997 年，Zhang 等[14]和 Ma 等[15]在考虑边界条件、黏度等影响因素的情况下，使用无因次渗吸时间 t_D 取代了渗吸时间 t，从而提出了无因次采出模型：$R_r = 1 - e^{\gamma t_D}$，R_r 为无因次采收率，t_D 无因次时间，γ 为产油量递减常数。

1998 年，傅秀娟和阎存章[16]利用美国 SSI 公司的 COMP 模拟软件，研究了润湿性、基质渗透率、裂缝渗透率和注入速度对渗吸排油过程的影响。研究结果表明，岩石的润湿性和渗透率影响着基质排油的速度，而注入速度和裂缝渗透率则影响着渗吸排油的效率；不同润湿性的岩石，其渗吸排油能力也是不同的。对于亲水性较强的岩石，其渗吸排油能力较强、排油快，对这种岩石可以采用较快的采油速度进行开采；对于亲水性较弱的岩石，排油能力差，为使渗吸排油尽可能地充分，最好采用较慢的采油速度进行开采；对于渗透率较低的岩石，由于其渗吸排油速度慢，应适当降低采油速度；对渗透率较高的岩石，可适当加大采油速度，这样既可以获得较高的采收率，又能缩短开采时间。但傅秀娟和阎存章没有给出有关采油速度的临界值。

1998 年，鄢捷年[17]在尽可能消除其他影响因素的情况下，在前人工作的基础上，采用更为合理的实验条件，使用 Amott 方法定量地评价了贝雷砂岩的润湿性对注水过程中驱油效率的影响，进一步确认油藏岩石的润湿性与油井注水过程中驱油效率的关系。研究结果表明，贝雷砂岩原有的强亲水性随原油沥青质吸附量的增加而逐渐减弱；对于经原油沥青质吸附的弱水湿岩样，其最终驱油效率明显高于强水湿岩样，当 Amott 润湿指数在 0.2 左右时，可获得最高的最终驱油效率。

1999 年，张红玲[18]对裂缝性油藏建立了以毛管自吸为主要采油机理的数学模型，并对影响裂缝性油藏采出程度的敏感参数进行研究，通过计算得出渗吸模型的输入参数对采出程度影响的敏感程度排序为：表面温度、裂缝密度、毛管力曲线指数、渗透率、原油黏度和相渗关系。对于等温渗流过程，裂缝密度是影响采出程度的主要因素，裂缝密度越大，基质岩块的体积越小，流体渗吸过流断面减小，渗吸速度加快，因此裂缝系统比较发育的碳酸盐岩油藏，采出程度较高。

1999年，Lee和Kang[19]对具有变化孔径的裂缝中的对流渗吸采收率进行了试验研究，利用统计参数，如平均数、变化系数、斜率和各项异性比率来描述裂缝的形态。结果表明，裂缝的形态与水注入速度一样对采收率有显著影响。当变化系数和斜率升高时，总的采油效率下降。各向异性比率与变化系数一样显著影响注入水的突破时间和总的采收率。在更低的各项异性比率（如小于1）时，发现了早期突破和较低的采收率。当注入速度加快时，统计参数的影响是显著的。如果注入水的流动速度和基质特性是相同的，不管裂缝形态如何，渗吸速度是相同的。

2000年，周娟等[20]使用二维玻璃微模型研究了强水湿条件下裂缝油藏不同形态的裂缝、裂缝方向性等水驱油时油水运移的渗流机理，并且利用图像分析法定量研究了裂缝油藏微模型中不同的静水压力对水驱油效果的影响。研究发现，裂缝的形态、方向和密度对水驱油渗流机理有显著的影响。

2001年，Babadagli[21]研究了标度模型在不同形状大小和不同边界条件下Berea砂岩的适用性。2004年，Standnes[22]通过实验系统地研究了正向和逆向渗吸条件下，边界条件和样品形状对渗吸的影响。边界条件包括全部开启（all face open，AFO）、两端开启（two ends open，TEO）、两端封闭（two ends close，TEC）和一端开启（one end open，OEO）边界条件等。研究结果表明：标度模型无法应用于不规则形状的岩石，岩石与润湿相流体接触面积对渗吸速度影响较大而对采收率影响不大。

2001年，杨正明等[23]通过自发渗吸实验研究了岩心与裂缝接触面积、边界条件、初始含油饱和度等因素对低渗透裂缝性砂岩油藏渗吸的影响。结合核磁共振对驱替渗吸实验中含油孔径分布进行研究发现，在含微裂缝的储层岩心中，将小孔隙渗吸驱油与大孔隙驱替排油相结合可得到较好的驱油效果。

2003年，华方奇等[24]介绍了一种新的渗吸设备，利用这种设备研究了低渗透岩心反向渗吸规律。利用X射线（X-Ray）变化度检测仪，研究了岩心长度对反向渗吸动态、最终渗吸采收率的影响，以及渗吸过程中不同阶段岩心中含水变化度的变化过程。研究得出如下结论：反向渗吸是裂缝性低渗透砂岩油藏的主要采油机理；由于低渗透油藏的特点，毛管力作用的有效性受到限制，渗吸缓慢，渗吸采收率较低；X射线扫描结果揭示了渗吸初期渗吸速度快，渗吸前沿到达边界后渗吸速度变缓。

2004年，Babadagli和Boluk[25]研究了表面活性剂对渗吸采油的影响。使用不同的油和表面活性剂在砂岩和碳酸盐岩样品上进行的实验优选了表面活性剂。在该实验中，考虑了界面张力、表面活性剂类型、表面活性剂的溶解特性、岩石类型、润湿性和表面活性剂浓度，有助于选择合适的表面活性剂以提高采收率，以及确定表面活性剂性质对毛管渗吸的影响。

2004年，殷代印等[26]根据低渗透裂缝油藏渗吸油机理，建立了双孔双渗渗吸采油数学模型，并给出了数值解法和流动系数的取值方法。通过实例验证，计算的含水率指标与矿场实际值符合程度较高。在此基础上，定量分析了渗吸法采油的主要影响因素，结论是：裂缝与基质渗透率比大于100，裂缝密度大于0.030条/m，油水黏度比小于15，毛管力较大的水湿油藏适合渗吸法采油，能够提高水驱采收率 1 个百分点以上。

2004 年，Arihara[27]通过实验系统分析了如何利用毛管力的自吸作用提高原油的采收率。研究结果表明：与自吸地层水相比，自吸化学试剂可以提高原油最终的采收率；此外，在自吸实验过后测量的水相相对渗透率曲线与在初始含水饱和度时测量的结果十分接近，因此说明自吸和驱替实验可以连续进行，从而也可以帮助节省大量的时间成本。

2005 年，袁士义等[28]通过室内实验分析研究了裂缝型低渗透油藏中的裂缝变形特征及其对储层渗透率和油井产能的影响，分析了水驱开采过程渗吸的作用机理和影响因素；建立了考虑裂缝变形的低渗透双重介质的油藏模型，并将渗吸考虑在内，通过其与矿场实际相结合，得到低渗透裂缝性油藏应该进行保持地层压力开采，周期注水是这类油气藏的有效开采方式。

2005 年，唐海等[29]进行了川中大安寨裂缝性油藏渗吸注水实验，研究认为渗吸注水是低渗透裂缝性油藏注水开采的重要机理，合理的注水方式与注水参数对改善低渗透裂缝性油藏水驱开发效果具有指导意义。通过大量的室内实验研究，他们获得了大安寨油藏基质岩块自然渗吸动态规律和脉冲渗吸动态规律，为制定合理的油藏渗吸注水开发方式提供了理论依据。

2005 年，Tavassoli 等[30]分析了单一岩心端面的湿相流体与非湿相流体间的逆向渗吸过程，得到了一个表达渗吸驱油效率与渗吸时间关系的拟解析解。

2006 年，Yildiz 等[31]研究形状因子（shape factor，SF）、特征长度（characteristic length，CL）和边界条件（boundary condition，BC）对自发渗吸速率的影响。研究发现，对于相同形状的岩心样品，渗吸采收率随着形状因子的增加而增加，而特征长度则减少。边界实验表明，总表面积的增加促进了自吸速率。

2006 年，Qasem 等[32]通过公式推导和数值模拟发现，在部分裂缝发育储层中裂缝强度和注入速度对于渗吸采收率至关重要；低注入速度储层将以逆向渗吸为主，其主要通过延迟水淹、拥有更高的波及效率从而提升采收率；高裂缝强度储层逆向渗吸占主导，低裂缝强度储层顺向渗吸占主导。

2006 年，Karimaie 等[33]选用长岩心进行渗吸实验，通过对比不同的速率得到渗吸过程受到重力的显著影响，顺向渗吸和逆向渗吸实验表明，逆向渗吸比顺向渗吸具有更低的采收率，此外，对不同润湿指数的岩心进行了浸没渗吸实验。结果表明，水湿程度越高，采收率越高。

2007 年，李士奎等[34]对低渗透油藏自发渗吸驱油进行了实验研究，通过低渗透亲水岩心自发渗吸实验，探讨了低渗透油藏不同界面张力体系的渗吸驱油过程。研究结果表明，注入水渗吸体系因毛管力较高、毛管力与重力的比值较大，其渗吸过程为毛管力支配下的逆向渗吸。与注入水渗吸结果相比，化学剂溶液因降低了油水界面张力，在孔隙介质中能使更多的原油参与渗流过程，使更多的剩余油变为可动油，提高了渗吸平衡时的原油采出程度，因而提高了低渗透油藏原油的采收率。

2007 年，陈俊宁[35]在分析渗吸驱油机理和渗吸注水实验研究的基础上，对渗吸驱油效果的影响因素进行分析，得出渗吸驱油效果受到岩心渗透率、脉冲压力、脉冲时间、脉冲次数、渗吸驱油速度、流体性质、温度和裂缝密度等因素的影响。

2007 年，Hatiboglu 和 Babadagli[36]用实验研究了基质形状因子、润湿性、重力、岩石类型、原油黏度和界面张力对渗吸速率的影响，观察到对于垂直放置的样品，毛管渗吸后的残余油受基质形状因子的影响；在低界面张力实验中，发现表面活性剂对渗吸速率起着重要作用。

2007 年，王锐等[37]研究了压力脉冲对渗吸效率的影响，表明压力脉冲有利于裂缝中的水相克服毛管力末端效应进入基质中，以形成产生渗吸驱油毛管动力的流体弯液面，达到加速和强化渗吸驱油效果的作用。此外，通过静态渗吸实验表明当温度升高时，渗吸速度会增加，渗吸采收率增大；而通过动态渗吸实验表明，当压降幅度由小变大时，渗吸采收率会先减小再增大，鉴于低渗透油藏储层的应力敏感性，周期注水应该保持较低的压降幅度，才不会导致最终采收率降低。

2008 年，马宁[38]分析发现裂缝发育储层由反九点注水转为线状注水可以提高动用程度和波及系数；高含水期在高于破裂压力的情况下进行注水，可能会致使储层中闭合的裂缝得到开启或者导致裂缝延伸，改变有效缝长从而改善注水效果；且在实际生产过程中，有效缝长对油藏开发起到很大作用。

2009 年，王家禄等[39]进行了低渗透裂缝油藏动态渗吸的机理研究，通过裂缝与基质交渗流动的理论模型和物理模型，研究了驱替速度、油水黏度比、润湿性、初始含水饱和度等参数对动态渗吸的影响效果，结果表明在一定的驱替速度范围内，由于毛管力与黏性力的共同作用，渗吸效果最好。亲水岩心的动态渗吸效果最好。油水黏度比越小，动态渗吸效果越好。初始含水饱和度越高，毛管力越小，动态渗吸效果越差。

2009 年，周凤军和陈文明[40]进行了低渗透储层天然岩心自发渗吸实验，同一块岩心不同渗吸液对比实验表明，活性水因降低了界面张力而显著提高的石油采收率，增幅可达 10%。

2009 年，张星等[41]为提高致密油藏采收率，分析了影响采收率的因素，基于低渗透油藏的特点，研究发现水的自发渗吸对提高低渗透油藏采收率十分有利；通过渗吸实验，研究了低渗透砂岩油藏渗吸规律，结果表明亲水岩心渗吸量与时间呈指数增加关系，渗吸采收率受岩样接触面积、孔隙度、渗透率等因素影响。

2009 年，姚同玉等[42]通过渗吸实验研究了裂缝性低渗透油藏的渗吸作用机理及渗吸驱油的有利条件，通过实验得出润湿性是影响裂缝性低渗透油藏渗吸驱油的主要因素之一，并利用润湿性对前人的渗吸机理判别方程进行了修正，使其更适用于实际油层。同时调整油水界面张力条件和润湿性条件，使基质尽可能发生逆向渗吸驱油，为裂缝性低渗透油藏开发提供了依据。

2010 年，Al-Attar[43]研究了岩心渗透率和两种化学溶液的界面张力对渗吸速率和最终采收率的影响。研究发现，随着界面张力的降低和岩心渗透率的增加，油湿岩心样品通过渗吸获得的最终采收率会增加。当使用非离子表面活性剂溶液和碱溶液作为渗吸液时，观察到的最大极限油采收率分别为原始地质储量的 16.24%和 4.83%。据研究，非离子表面活性剂可以去除固体表面吸附的有机物，从而优先获得水湿性或中间润湿性，并增加油相相对渗透率。

2010 年，Hatiboglu 和 Babadagli[44]用可视化实验分析了自发渗吸的动力学，研究了温度、润湿性、重力、原油黏度、界面张力（interfacial tension，IFT）和基体边界条件等关键因素对渗吸过程的影响。随着温度的升高，渗吸过程出现指进现象。在水平方向没有重力效应的情况下，润湿相侵入从单个点发展为"单指进"，并通过指进实现位移，与煤油相比，在矿物油的情况下，指进更厚。

2011 年，李爱芬等[45]通过室内实验，对低渗透岩心自发渗吸影响因素进行研究发现，岩心亲水性越强，渗吸效果越好，温度通过影响流体黏度间接对渗吸速率产生影响；当岩心渗透率较小且界面张力较大时，岩心主要发生同向渗吸，反之则主要发生逆向渗吸。

2012 年，李南等[46]从超前注水的机理入手，结合数值模拟和矿场实际生产动态，对比分析不同的注水时机下的注采井之间的压力分布和采出程度，优选了超低渗透油藏注水时机，并在优选的注水时机下，对不同的注水方式进行对比，对超前注水方式进行筛选和组合，最后得到在反阶梯温和注水方式下能够得到最优的开发效果，最后在长庆油田 BMZ 区块进行实验，对比不同的注水方式开发效果，得到采用反阶梯温和注水时，平均单井产油量比恒速超前注水有了进一步的提高，同时有效降低了含水率。

2012 年，Dehghanpour 等[47]通过页岩岩心进行渗吸实验，发现渗吸吸入的水油质量比远远大于水油的毛管力之比，即页岩对水的吸收同时受到吸附作用和毛管力的双重控制。

2012 年，蔡建超和郁伯铭[48]系统综述了传统理论研究中的卢卡斯-沃什伯恩（LW）模型，太沙基模型，汉迪模型，Mattax 和 Kyte 的无因次时间标度模型，Aronofsky 的归一化采收率标度模型以及近十年最新研究进展，并对渗吸机理判别参数进行了研究。分析自吸机理判别参数，简述自吸数值模拟研究以及自吸影响机理的实验研究现状，概述多孔介质的分形特征，从多孔介质分形理论基础及其分形模型、分形毛管力模型分析总结了自吸的分形研究进展，最后对多孔介质、裂缝性双重介质的自吸研究指明了方向，并展望了分形理论在自吸中的应用。

2013 年，王希刚等[49]应用数值模拟方法，对低渗透裂缝性油藏建立双重介质模型，明确了主要地质因素、开发因素对渗吸作用的影响，并对典型的敏感因素进行分析，结果表明，裂缝发育程度越高、油水黏度比越小、基质毛管力越大，对渗吸产生有利影响；初始含水饱和度过大对渗吸不利。

2013 年，Mirzaei-Paiaman 和 Masihi[50]使用 eclipse 软件建立两相渗吸模型，研究非平衡效应在自发渗吸中的影响，将对时间与采收率的模拟与文献中的两组渗吸数据进行比较，输入相关参数，认为自发渗吸中存在一定的非平衡效应，但其作用影响较小。

2013 年，程晓倩等[51]采用实验和核磁共振技术对岩石自发渗吸的影响因素进行了研究分析，发现润湿性是影响渗吸作用的主要因素之一；此外，原油黏度越低、地层压力越高、含水饱和度越低，渗吸采收率越高。

2013 年，Roychaudhuri 等[52]通过页岩岩心室内渗吸实验证明了渗吸作用是清水压裂液滞留页岩储层的主要原因。

2014 年，孟庆帮等[53]以静态和动态两种方式研究了毛管力、孔隙均匀程度、相渗曲线、基质和裂缝渗透率、原油黏度和基质含油饱和度对基质渗吸速度的影响，静态时，渗吸速度与毛管力、基质渗透率、残余油饱和度、束缚水饱和度的油相相对渗透率呈直线关系，与束缚水饱和度呈指数关系，与原油黏度呈幂指数关系。

2014 年，Akbarabadi 和 Piri[54]使用盐水和油对页岩薄片样品进行了渗吸实验，并利用纳米计算机断层扫描（computed comography，CT）扫描仪获取了页岩薄片样品的渗吸微观图像，结果表明：小孔因其保持着强烈的亲油性，导致盐水不能渗吸吸入，而较大孔因其孔隙表面吸附白云石和石英等各种矿物，导致孔隙表现混合润湿性，使油水两相均能渗吸吸入。

2015 年，李莉和孙波[55]对红 60 断块区域十余年的开发历程的经验进行总结，针对低渗透复杂断块油藏摸索出一套注水方案，包括：①实施早期注水；②实施温和注水；③油藏精细注水；④控制油藏采油速度；⑤合理地改造地层。该研究成果给同类型的油藏开采提供了借鉴。

2015 年，Hou 等[56]通过研究不同表面活性剂对油湿砂岩岩心的作用效果，发现在相同浓度下，阳离子表面活性剂 CTAB 对岩心的最终渗吸采收率高于非离子表面活性剂 TX-100 和阴离子表面活性剂 POE（1）。

2015 年，许建红和马丽丽[57]通过自发渗吸实验研究低渗透裂缝性油藏在不同渗透率级别下岩心的渗吸驱油机理，结果表明，该类油藏的油层渗吸体系因毛管力较高，其渗吸过程为毛管力支配下的逆向渗吸；渗吸早期产油量高，约 50h 后产油量明显降低，最后基本不产油。低渗透裂缝性油藏岩心自发渗吸采出程度平均为 12%，当渗透率小于 2mD 时，自发渗吸采出程度随渗透率的增大而增大，且孔喉结构越好越有利于自发渗吸作用发生。

2015 年和 2016 年，Meng 等[58, 59]利用填充玻璃珠和石英砂结构分别研究了润湿相和非润湿相黏度对渗吸采收率的影响，发现在相同边界条件下，润湿相黏度对于渗吸采收率影响较小；而随着非润湿相流体黏度的增大，油相流体在均质性较差的石英砂结构中滞留严重，渗吸采收率逐渐降低；而均质性较好的玻璃珠结构中，非润湿相黏度对采收率影响不大。

2016 年，沈安琪等[60]通过测量岩心接触角和表面活性剂溶液与油间的界面张力，利用 3 种常用表面活性剂对致密岩心进行渗吸实验，对表面活性剂渗吸机理进行研究。结果表明，表面活性剂所引起的润湿反转能够使得油湿岩心开始渗吸采收，提高水湿岩心采收率，同时油水界面张力的降低有利于提高渗吸采收率。

2016 年，韦青[61]通过低温氮气吸附、高压压汞、Amott 法及渗吸-核磁联测等实验手段，对鄂尔多斯盆地吴起地区长 8 储层致密砂岩渗吸采收率的主要影响因素进行研究，发现比表面的增大对渗吸采收率产生负面影响，孔喉结构好且孔喉连通程度高的亲水性致密砂岩储层渗吸作用明显。同时，相对润湿指数的增加和界面张力的减小均有利于渗吸过程的进行。同年，韦青等[62]基于核磁共振技术开展一系列自发渗吸实验，并分析了多个微观参数对致密砂岩自发渗吸采出程度的影响。认为平均孔喉比与采收率呈负相关关系，且相关性很好，孔隙度对自发渗吸采收率几乎没有影响，而渗透率越好，储层品质越好，其渗吸采收率越好；其中，中孔隙百分数与渗吸采收率存在正相关。

2016 年，李帅等[63]进行了带压渗吸实验，模拟焖井过程中的驱替与渗吸，并将无因次时间考虑在内，对带压渗吸的实验结果进行了归一化处理；并建设孔隙尺度流动模型进行渗吸模拟，通过调整微观结构拟合实际参数，获取渗吸和驱替的相渗曲线；将获得的相渗曲线应用于矿场之中，对其初期的含水率进行了较好的描述。

2016 年，Lai 等[64]在研究岩心自发渗吸过程中，认为不同岩心渗吸过程的核磁共振 T_2 谱有四种类型，最终渗吸采收率受毛管力、重力、岩心特征长度影响。

2016 年，濮御等[65]利用自行研制的静态渗吸实验测量装置，进行了大量室内实验。结果表明，温度升高，静态渗吸采出程度明显增加；静态渗吸采出程度受边界条件的影响；降低地层水的矿化度，渗吸采出程度增加。2017 年，濮御等[66]将核磁共振可视化技术与静态渗吸实验相结合，阐述了核磁共振成像和 T_2 谱图测试致密岩心静态渗吸排驱效果的原理，验证了核磁共振成像技术评价致密储层静态渗吸采收率的可行性。

2017 年，吴润桐等[67]选取中国典型致密油气储层基质岩心，进行不同条件下的渗吸实验，提出了致密油气储层基质岩心层渗吸理论，即渗吸是从岩心表层开始逐层向岩心内部进行的。同年，吴润桐等[68]在不同温度、压力及表面活性剂条件下，对可致密砂岩进行渗吸实验研究，发现岩心最终采收率对温度变化较为敏感。

2017 年，刘长利等[69]通过室内试验，研究了不同因素对渗吸效果的影响，结果表明注入水矿化度小于地层水矿化度或加入表面活性剂改变岩心的润湿性可提高渗吸程度；随着渗透率升高、原油黏度变小和含油饱和度的升高，渗吸采出程度越大；温度不是影响渗吸效果的直接因素。

2017 年，周万富等[70]以大庆外围扶余储层地质特征和流体性质为模拟研究对象，开展了动态渗吸实验研究。研究发现，岩心渗吸驱油速率随注液压力升高而增大；随注液速度增大，渗吸采收率增幅呈现出"先增后减"变化趋势；增大渗吸液注入段塞尺寸、延长憋压时间、增加交替注入次数能够提高渗吸采收率。

2017 年，Meng 等[71]发现水湿裂隙储层中自发的渗吸导致相当一部分油的残余，因此在设计生产过程中，理解残余油的形成现象和机理是非常重要的。

2017 年，谢坤等[72]明确了界面张力与低渗透油藏裂缝发育程度对于渗吸采油效果的影响。研究表明，在改变界面张力、降低黏附力、提高洗油效率的同时，不必一味追求过低界面张力，否则岩石孔隙中毛管力减弱，不利于渗吸采油。随着裂缝发育程度增加，毛管力与重力比值 N_b^{-1} 增大，渗吸强度增大，平衡时间缩短，采收率也就越高。

2017 年，王敬等[73]对裂缝油藏动态渗吸采油机理进行数值模拟的研究，建立考虑重力和毛管力的动态渗吸机理数学模型，利用该模型对渗吸采油的影响因素进行了分析，结果表明：渗吸采收率随原油黏度的增大而降低，基质渗透率与渗吸采出程度成正相关；岩块尺寸越大，渗吸采出程度越低；伴随着界面张力的降低，渗吸采出程度先升高后降低；驱替速度存在最优取值范围。并利用室内实验数据验证了模型的可靠性。

2017 年，Li 等[74]在考虑致密储层后，通过 eclipse 建立了一维两相逆向渗吸模型，研究了不同边界条件下，重力对渗吸的影响。同时认为低渗储层渗吸过程中重力作用有限，在高渗储层渗吸开发时重力能起到更大的作用。

2017 年，谷潇雨等[75]基于 CT 技术模拟了致密砂岩自发渗吸实验，实验样品来自鄂尔多斯盆地长 8 储层，分析了储层物性对致密砂岩渗吸采收率的影响：发现渗透率越大，孔喉连通性越好，连通孔隙个数与连通面孔率呈指数递增，自发渗吸采出程度越高；基质自发渗吸对于注水开发十分重要，亚微米级以上孔隙的渗吸占主导作用。

2017 年，苏煜彬等[76]采用核磁共振技术，将表面活性剂渗吸采油技术与周期注水开发技术结合，研究了表面活性剂对于中性润湿砂岩渗吸结果的影响。研究表明，强水润湿砂岩渗吸采收率最高，表面活性剂与周期注水技术的结合对于提高采收率有显著效果。针对不同类型的低渗油藏，研究人员也对表面活性剂进行了优化改良。

2017 年，党海龙等[77]利用鄂尔多斯盆地低渗透油藏天然露头岩心进行自发渗吸实验并对渗吸影响因素进行研究发现，润湿性、黏度、界面张力及渗透率是影响渗吸驱油的主要因素，岩石越亲水，原油黏度越低，渗吸驱油效果越好，且在渗吸过程中，存在最佳界面张力和最佳渗透率使渗吸效果最佳，温度会间接改变渗吸的效果。

2017 年，程时清等[78]提出多级压裂水平井同井缝间注采方法，对比分析了准天然能量衰竭开发、注水吞吐、CO_2 吞吐、同井缝间注采，结果表明注水吞吐只能短期内提高累积采油量，不能显著提高采收率；同井缝间注采的产量比 CO_2 吞吐的产量高、稳产期更长、递减率更小、开发效果更好。此外，进一步提出了致密油藏有效开发方式，即先以准天然能量衰竭式开采，控制地层压力均衡下降，在井底压力降到饱和压力附近时，转入同井缝间异步注采。安装注采分隔装置和配注阀，采用温和注水方式，发挥裂缝的渗吸作用，能控制注入水的快速推进，提高致密油藏产量和采收率。

油藏温度的改变对于表面活性剂的影响不是主导的因素，但是油藏含水饱和度左右着对于渗吸作用的发挥。为了验证这一理论，2018 年，谢坤等[79]针对头台油田扶余储层的物性特点，研究了高温低渗裂缝型油藏的表面活性剂动态渗吸机理，从渗吸速度、润湿接触角、岩心含水饱和度等方面，对高温低渗油藏的渗吸采收率进行评估，实验表明，表面活性剂相对于单纯水溶液具有更强的渗吸采出效果，明确了岩心含水饱和度对于油水交渗能力的影响程度和机理，含水程度的增加，会减少参加渗吸采油的孔隙空间，进而使储层毛管力减小，由此也发现了提前渗吸采油时机对储层毛液排油作用的积极效果。

2018 年，未志杰等[80]通过建立双孔双渗致密油自渗吸提高采收率数学模型，研究裂缝密度、基质渗透率、毛管力、原油黏度等因素对渗吸提采效果的影响。研究发现，注入表面活性剂可有效提高基质原油的动用程度。渗吸采油效果与裂缝密度成正相关，裂缝越密，渗吸强度及采油速度也越快，渗吸采油效果与毛管力成正相关，改变润湿性的同时应尽量保持界面张力水平，渗吸法采油适用于原油黏度较低、基质渗透率较高的亲油致密油藏。

2018 年，Ren 等[81]利用渗吸过程中的核磁共振 T_2 谱图反映不同孔径内流体的变化，得到了裂缝性油藏的渗吸过程不同规模孔径渗吸采收率贡献不同，渗吸速度随时间逐渐降低，渗吸过程中纳米孔隙具有较高相对采收率贡献的结论。

2018 年，Kathel 和 Mohanty[82]在具有不同高度和直径的岩心上进行渗吸实验，发现采油量随直径和高度的增加而减少。

2018 年，李斌会等[83]选取松辽盆地北部致密砂岩储层天然岩心，模拟地层高温高压条件对其进行渗吸实验，研究了岩心孔渗特征、渗吸体面比及生产压差等因素对致密储层吞吐渗吸开发效果的影响。

2018 年，Shabina 等[84]提出了一维类似沃什伯恩（Washburn）的模型，研究在多孔介质中自发渗吸过程中狭窄孔隙中的前导前沿和较宽孔隙中的滞后前沿。

2019 年，李蒙蒙等[85]通过经验公式与一维水驱油理论建立了两种动态渗吸数学模型，并采用拉普拉斯变换与反演方法进行求解。裂缝中注入水在毛管力的作用下渗吸进入基质孔隙，随着渗吸强度系数的增大，裂缝中更多的水进入基质孔隙，从而抑制了裂缝中水的突进，提高了原油采收率。

2019 年，杨正明等[86]对致密储集层渗吸影响因素进行研究发现，渗吸方式不同，渗透率对渗吸速率影响不同；致密储层中裂缝的存在能够有效增大致密基质与渗吸液的基础面积，降低渗流阻力从而提高渗吸采收率；注水吞吐能够增大渗吸距离。大规模体积压裂与改变储层润湿性及注水吞吐相结合有利于提高油藏采收率。

2019 年，Vilhena 等[87]在裂缝和未裂缝的印第安纳石灰岩岩心中进行了自吸（self imbibition，SI）实验，以评估裂缝对采油的影响。研究表明，裂缝岩心在应力条件下发生了变形，影响了裂缝的初始值孔径和渗透率。这种变形导致裂缝中的流速降低和裂缝通道闭合，从而导致石油采收率下降。

2019 年，Torcuk 等[88]研究表明，在油湿型页岩储层中，低矿化度水对基质的侵入作用是渗透作用，而非毛细作用。因此，渗透作用将驱动低矿化度水进入储层岩石基质。此外，盐水渗透可以通过将原油逐出岩石基质，并进入压裂储层中存在的微观和宏观裂缝中，从而提高原油采收率。

2020 年，Al-Ameri 和 Mazeel[89]研究了自吸和注入压力同时作用下的水相对渗透率和毛管力曲线，并将结果与渗吸情况进行比较。利用 eclipse 对驱油实验进行模拟，并将预测结果与实验压力-时间关系进行匹配，得到了渗吸毛管力曲线。注入压力使毛管力为正值；对渗吸毛管力无影响。

2020 年，Arab 等[90]通过实验表明流速也会影响突破采收率。在油水黏度比小于 20 时，突破采收率随着注入速度的加快而单调增加。对于中等黏度比（$20<\mu_o<160$），突破采收率随着注入速度的降低而增加。在较高的黏度比值下，突破采收率几乎与注入速度无关。在这些情况下，后期采油率随着注入速度的降低而显著增加。

2020 年，王付勇等[91]构建驱替压力梯度-渗透率双对数图版，将低渗透/致密油藏注水开发分为驱替为主、渗吸为主和驱替-渗吸共同作用 3 类不同注水开发机理。驱替压力梯度-渗透率双对数图版可以判定低渗透/致密油藏任一点处注水开发机理类型，定量表征驱替与渗吸对注水开发驱油速率的贡献，为低渗透/致密油藏注水开发方案设计与调整提供一定依据。

2021 年，王云龙等[92]对松辽盆地某区域岩心样品通过综合微计算机断层扫描技术、数字岩心分析技术，实现低渗储层数字岩心渗吸过程的模拟，与实验室岩心自发渗吸实验对照，结果表明，利用数字岩心技术模拟得到的孔隙度、渗透率参数与实验室测量结果相差较小，从而可以保证数字岩心得到的两相渗流模拟结果具有较高的可信度，为油藏渗吸作用的机理研究提供了新的思路。

2021 年，李侠清等[93]使用灰色关联分析法对各影响因素进行权重分析。结果表明：低渗透油藏渗吸采收率随着岩心渗透率和长度的增大而减小。油藏温度升高，原油黏度降低，渗吸作用增强，渗吸采收率增大；两端开启岩心渗吸采收率高于周围开启岩心；油水界面张力越低，岩石表面亲水性越强，渗吸采收率越高；裂缝越多，渗吸采收率越高。

2021 年，Al-Ramadhan 等[94]提出了一项数值研究，以检验基质渗吸毛管力（P_{ci}）和基质-裂缝转移之间的相互作用如何影响注水条件下天然裂缝油藏的采收率。研究表明，基质-裂缝渗吸主要受裂缝表面积、裂缝渗透率、形状因子和P_{ci}不确定性的控制。

2021 年，郭肖等[95]采用鄂尔多斯盆地延长组致密砂岩样品，开展了常温常压渗吸、脉冲渗吸、带压渗吸实验，常温常压（2℃、0.1MPa）岩心渗吸效率 27.31%，而模拟地层条件（50℃、10MPa）岩心渗吸效率为 63.49%，揭示带压驱替作用对渗吸效率的影响，带压渗吸作用可大幅度提高致密砂岩油藏采收率。

第 2 章　多孔介质渗吸理论

2.1　静态渗吸特征

当基质为非润湿相（油或气）所饱和，而裂缝网络为润湿相（水）所饱和时，如果毛管力、重力和注入压力能使岩块中吸入润湿相，并使非润湿相排出时，即发生渗吸作用，也就是岩块中润湿相饱和度增加、非润湿相饱和度降低的过程。渗吸分为两类：当吸入的润湿相与排出的非润湿相的流动方向相同时，称为同向渗吸（图 2.1）；当吸入的润湿相和排出的非润湿相的流动方向相反时，称为反向渗吸（图 2.2）。

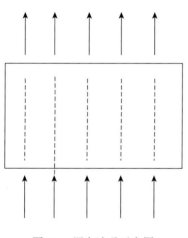

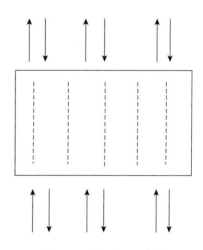

图 2.1　同向渗吸示意图　　　　　　　图 2.2　反向渗吸示意图

自发渗吸过程中润湿相置换非润湿相的机理可以概括如下：润湿相在附着张力的作用下，向岩样深部吸入，在不断吸入的同时，润湿相前缘在弯月面的固体壁上。当四面同时吸入时，岩样的孔隙系统呈现瞬时的封闭状态。此时，孔隙系统中的非润湿相能量增大，具有向岩样外部流出的趋势。润湿液进一步自吸进入孔隙，由于界面增大，吸入能量降低，非润湿相即可向岩样外部溢出。当润湿相重新进入第二个喉道时，切断了非润湿相，这部分被切断的非润湿相将残留在孔隙系统中构成残余非润湿相的一部分。当岩样喉道大小的分布不均一时，细喉道吸入润湿相而粗喉道排出非润湿相的过程可以同时发生，这种能量不平衡使非润湿相流体从大孔隙中排出也是一种重要的现象。当润湿相吸入切断了排出通道时，非润湿相就会被捕集下来而形成残余饱和度。

2.2　动态渗吸特征

实际油藏开发过程中，动态渗吸与静态渗吸同时进行，动态渗吸与实际油藏更为接近，动态渗吸研究在驱替过程中黏滞力与渗吸毛管力的平衡，通过黏滞力与渗吸毛管力的协调达到最佳组合，实现最佳开采方式，特别是对基质渗透率很低的油藏，渗吸的作用更加明显，动态渗吸在一定程度上能够反映油藏的实际采油过程。油藏动力学要求在开发中同时考虑基质与裂缝、单个岩块与油藏整体关系，从根本上提高渗吸效率，针对低渗透油藏开采特点，本书进行了注水过程中低渗透油藏裂缝与基质交渗能力的研究，以实验方法研究裂缝内注入水流动速度对渗吸效果的影响，建立低渗透油藏裂缝与基质交渗流动的物理模型，研究结果为提高渗透油藏采收率提供实验基础。

渗吸效应是指一种润湿相流体在多孔介质中只依靠毛管力作用置换出另一种流体的过程。在低渗透裂缝性砂岩油藏中水驱油的主要机理是渗吸促使裂缝中的水吸入基质而进行采油。在裂缝性储集层中，岩块孔隙中的油气是依靠和与之相连接的裂缝互相交换进行的。在实际应用中，可借助岩石渗透率与孔隙平均毛管半径 r 来研究孔隙结构对渗吸驱油效率的影响关系，渗吸理论表明毛管力是主要的驱油动力，渗透率越低，r 越小，驱油动力越大，驱油效果越好，但当 r 小于等于液膜在岩石固体表面的吸附厚度时，孔道因液膜吸附层的反常力学特性而成为无效渗流空间，驱油效率降低。因此，渗透率存在着一个范围，使渗吸驱油效果最佳。

低渗透裂缝性油藏由低渗透基质系统和裂缝系统组成：基质系统主要是被裂缝切割、大小不等的岩块，储集空间主要为粒间孔隙及与之相连的微细裂缝；裂缝系统是由宽度较大的裂缝及与之相连通的孔洞构成的网络系统。裂缝系统的基本特点是：孔隙度很低，而渗透率很高；其导压能力和流动能力高，产油能力也高；原始含油饱和度很高，而束缚水和残余油饱和度很低。基质系统的基本特点是：孔隙度较大，而渗透率很低，其导流能力和导压能力低，产油能力也低，束缚水和残余油饱和度高。由于低渗透裂缝性油藏中裂缝的导流能力高，流体在裂缝与基质之间产生交渗流动。压力梯度（黏滞力）作用下，水在裂缝内流动，同时由于毛管力作用，水渗吸到基质内，渗吸到基质中的水将油替换出来渗流到裂缝中，注入水再将裂缝中的油驱替到出口端，这个过程就是裂缝与基质之间流体的交渗流动过程（图 2.3）。

张星[96]开展了低渗透岩心动态渗吸实验研究。如图 2.4 所示，当注入流量小于 0.015mL/min 时，主要是毛管力起作用，驱替流量增大，黏滞力增加，渗吸效率逐渐增大。当注入流量达到 0.05mL/min 时，渗吸效率最高，采收率为 46.64%，毛管力和黏滞力共同作用达到最佳组合。在注入流量为 0.015～0.05mL/min 时，在黏滞力与毛管力的共同作用下，渗吸效率值较高，渗吸到裂缝中的油很快在黏滞力的作用下驱替出来。注入流量大于 0.05mL/min 时，主要是黏滞力起作用，裂缝中的水还没有在毛管力的作用下与基质中的油发生交换流动，就被驱替出来，导致渗吸效果差，渗吸效率低。注入流量不仅影响最终的渗吸效率，还影响渗吸速度。

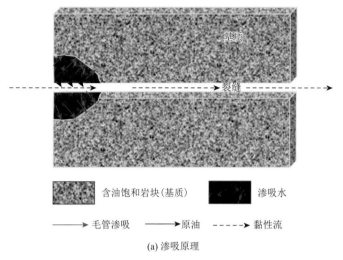

(a) 渗吸原理

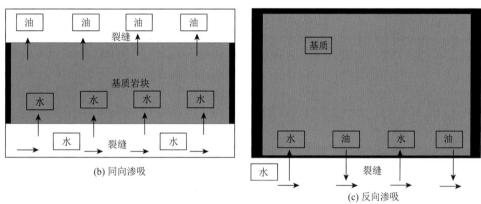

(b) 同向渗吸

(c) 反向渗吸

图 2.3　动态渗吸示意图

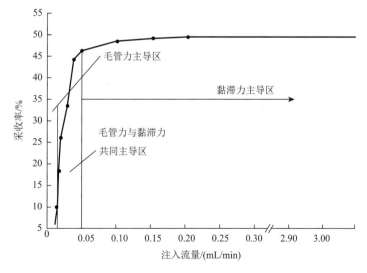

图 2.4　岩心（F31-5-1）注入流量与采收率关系图

当注入流量为 0.015～0.05mL/min 时，渗吸速度较快，在较小注入孔隙体积倍数内就能够达到很高的渗吸效率，如图 2.5 所示。这是由于在最优的驱替速度下，毛管力与黏滞力共同作用，基质与裂缝之间产生渗流交换，从基质中替换出来的油很快就被驱替到模型出口，不仅渗吸效率高，而且速度快。当驱替速度加快时，裂缝中的水还没有与基质中的油产生交渗流动就被驱替出来，导致渗吸效率低，渗吸速度慢。

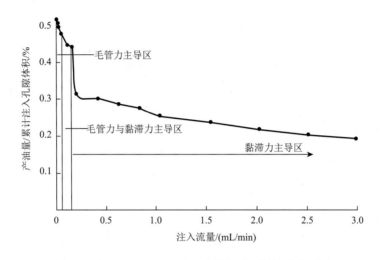

图 2.5　岩心（F31-5-1）注入流量与油水置换率关系图

采收率实际是采油速度的函数，在裂缝油藏中，因为裂缝的渗透率高，所形成的小压力梯度足够使油在裂缝中流动，但是要控制基质和裂缝网络间的流体交换，需要优化采油速度，其产油量受特殊的采油机理所控制，这些机理是受裂缝和基质岩块中流体饱和度、润湿性等影响，而不是由压力梯度所主导控制。

采用低速注水方式能较大幅度地提高渗吸采收程度，采油速度越慢，自吸排油的过程越充分，基质系统和裂缝系统油水界面的差异越小，渗吸采收程度越高，如果把采油速度控制到临界流速，将会获得更高的采收率。裂缝系统不只是其自身系统的流动通道，而且是基质系统的自吸排油通道；裂缝系统油水界面上升速度和高度，决定基质系统的自吸排油效率和范围；裂缝系统中油水饱和度的变化，不仅决定裂缝系统的渗流能力，而且影响基质系统的自吸排油作用，只有当裂缝系统的含水饱和度达到一定数值后，基质系统的自吸排油过程才能顺利进行。依靠外界注水压力提高基质岩块含油的采出程度是比较困难的。可能的思路是降低高油水界面张力导致的运移阻力或改变逆向毛管力方向使之由运移阻力变为自吸驱动力。前者可以通过低界面张力体系实现；后者则必须通过使油湿表面发生润湿反转的方法实现。油湿表面发生润湿反转后，亲水性增强，一方面可增加渗吸作用范围，另一方面可提高微观的洗油效率，使基质系统中原油流向裂缝的速度加快，从而有效控制含水率上升幅度，提高注入水利用率及基质系统中原油的采出程度，使常规水驱条件下不能动用的储量得到有效开发。

裂缝性油藏由于储层存在裂缝，其油水渗流特征与常规砂岩油藏有本质的区别，主要表现在油水运动不均匀性和明显的渗吸作用方面。裂缝越发育，这种不均匀性和渗吸作用就越突出。在常规注水开发过程中，为了缩短投资回收期，采油速度一般较快，驱动压差居主导地位，毛管力很难发挥作用；而在周期注水开发过程中的停注阶段，油水两相处于自由吸渗状态，毛管力恢复正常值，有利于发挥毛管力的驱油作用，将小孔隙中的原油驱替出来，有利于改善水驱开发效果。

在周期注水过程中，由于压力波动而在裂缝与基质间形成一定的压差，这一压差将会对渗吸效应产生影响，在周期注水的不同阶段，毛管力的大小和作用是不同的。对于水湿油层，毛管力可能是驱动力也可能是阻力。注水阶段，当水驱速度较小时，小孔道的毛管力大，注入水优先沿着小孔道将油驱替出来，在大孔道中形成残余油，对开发效果不利。随着水驱油速度的加快，由于润湿滞后现象，润湿角增大，毛管力变小，当驱替速度增大到一定程度时，油水界面反转，毛管力变成阻力，这时，水优先进入大孔道，小孔道中形成残余油，不利于发挥毛管力的驱油作用，开发效果也不好。因此，水湿油层存在一个合理的驱替速度，但生产实践中很难把握好这个尺度。注水阶段，随着水驱油速度的加快，同样会产生润湿滞后现象，但润湿角变小，毛管力变大，进入孔道中的水只能沿孔道中心驱油，孔道壁上形成大量残余油；停注阶段，毛管力恢复正常值，但不会像水湿油层毛管力那样将小孔隙中的原油驱替出来。

2.3　渗吸发生条件

渗吸过程为准静态的侵入渗透过程，最重要的步骤是确定单个孔隙渗吸的准则，可在 Melrose[97]提出的孔隙渗吸连续物理变化准则的基础上，引用一种描述渗吸动态演化的新方法。Melrose 准则的实质是：当两个润湿相在一个孔隙内接触时，孔隙将自然发生渗吸。动态演化指的是：渗吸过程中，润湿相的存在分布状态、曲率 C、毛管力 P 都是变化的。当液环体积随着曲率的减小而增加时，单个颗粒体上的多液环引发了液环聚集——润湿相充填喉道——截断油相的连续演化过程，即产生非润湿相截断的现象。在高渗透率岩石中，多孔介质通常以大的、开放的孔隙喉道和孔隙体为特征，这种几何形状在多孔介质内往往产生相对较大的油气-液界面曲率半径，孔隙壁上水膜的厚度薄。由于毛管力是这些曲率半径的倒数和，可以看出毛管力值相对较小，对渗流的阻力较小（即使在低含水饱和度下也一样）。在低渗透岩石中，岩石喉道和相当一部分孔隙体被润湿相流体占据，大孔隙壁上的水膜较厚，大大减少了可供流体流动的孔隙空间，渗流阻力大，其毛管力曲线也明显不同于高渗透多孔介质。

在对裂缝性油藏进行注水开发过程中，注入水首先在流动压力梯度作用下沿裂缝推进，同时进入裂缝的水在毛管力作用下被吸入岩块并从基质岩块中置换出原油。显然，毛管力为渗吸驱油动力之一，岩石的毛管半径越小，其毛管渗吸驱油动力和效率就越好。可将孔喉划分成 3 类：不吸渗孔喉、能吸渗孔喉、可以渗流孔喉。不吸渗孔喉为储层系统中不可动或无用孔隙部分；能吸渗孔喉则为储层系统中可动或有用孔隙部分；可以渗流孔喉的大小和在总孔隙中的比例决定了油井的产能大小，可以吸渗孔喉作为油源则体现产能持续时间的长短。但在实际渗吸驱油过程中，渗吸驱油动力能否有效起作用，取决于两个条件：一是需要克服裂缝系统与基质系统之间的毛管力末端效应；二是毛管半径应大于液膜在岩石固体表面的吸附厚度。因为固体表面的液膜吸附层具有反常的力学性质和很高的抗剪切能力，当孔隙半径小于等于吸附层厚度时，孔道因液膜吸附层的反常力学特性而成为无效渗流空间，在毛管力曲线中表现为束缚液相饱和度，毛管力在这类无效渗流空间中没有实效的驱油价值。在实际应用中，可借助岩石渗透率与孔隙平均毛管半径来研究孔隙结构对渗吸驱油效率的影响关系。

在裂缝性储集层中，岩块孔隙中的油气是依靠和与之相连接的裂缝互相交换进行的，确定渗吸条件以及渗吸作用强度是裂缝性油气藏开发中的一个重要问题。

Schechter 等[6]曾用式（2.1）表达渗吸过程中的毛管力、重力对渗吸驱替过程的贡献与作用，Schechter 等认为：当 $N_b^{-1} > 5$ 时，毛管力支配采收率；当 $N_b^{-1} < 0.2$ 时，重力支配渗吸过程；N_b^{-1} 位于两者之间时，毛管力与重力共同作用。

$$N_b^{-1} = C \frac{\sigma \sqrt{\dfrac{\varphi}{k}}}{\Delta \rho g H} \tag{2.1}$$

式中，σ——油水界面张力，N·m^{-1}；

φ——多孔介质的孔隙度，%；

k——多孔介质的渗透率，m^2；

$\Delta \rho$——油水密度差，kg·m^{-3}；

g——重力加速度，m·s^{-2}；

H——岩层高度，m；

C——与多孔介质几何尺寸有关的常数，对圆形毛管，$C = 0.4$。

后来，Austad 等[98]又根据不同的要求对 N_b^{-1} 进行了修正，如为了反映流体在多孔介质中的渗流能力，他们将 N_b^{-1} 定义为

$$N_b^{-1} = \frac{\sigma}{\Delta \rho g k_e} \tag{2.2}$$

式中，k_e——有效渗透率，m^2。

后来为了突出油滴通过孔喉时的变形能力，Austad 又赋予 N_b^{-1} 以下形式：

$$N_b^{-1} = \frac{\dfrac{\sigma}{r}}{\Delta \rho g H} \tag{2.3}$$

式中，r——孔喉半径，m。

对于不同的渗流或流动过程，上述不同的 N_b^{-1} 各有自己的优越性，却没有反映润湿性对该过程的影响，尤其是渗吸作用。

李继山[99]从不同润湿条件的渗吸特点分析出发，研究表面活性剂对渗吸的影响，认

为润湿性不仅影响毛管力对渗吸过程的贡献，而且还制约渗吸过程的发生；它不仅影响毛管力的大小，还决定其方向，决定水能否自发地吸入岩心。李继山对此参数进行了补充，将该参数组合中引入润湿性的影响：

$$N_{\mathrm{b}}^{-1} = C \frac{2\sigma\cos\theta\sqrt{\dfrac{\varphi}{k}}}{\Delta\rho gH} \tag{2.4}$$

前人研究将渗吸条件的发生看作是静态的，实际渗吸过程中，渗吸过程是动态的。随着渗吸的进行，岩心饱和度发生变化，导致渗吸条件发生变化，引入饱和度函数 $f(S_{\mathrm{w}})$：

$$N_{\mathrm{b}}^{-1} = C \frac{2\sigma\cos\theta f(S_{\mathrm{w}})\sqrt{\dfrac{\varphi}{k}}}{\Delta\rho gH} \tag{2.5}$$

通过综合上述原因，在渗吸过程中判别毛管力的重要性，阐述渗吸机理及渗吸强度，从而使该参数的物理意义更准确、更全面。

在油气藏开采初期，裂缝中的能量较为充足并足以维持生产油气所需的压差，这时基质岩块中的流体仍处于静止状态。在生产一段时间后，裂缝中的流体压力逐渐下降，基质孔隙中的流体开始向裂缝中补给，如果排出的流体是纯油，岩块是亲水的，则在这一期间仍然不能发生渗吸作用，这种作用仅仅是依靠压力差的排泄作用。

裂缝性储集层中的渗吸作用只有在以下几种情况下才会发生。

（1）在水湿性储集层中，裂缝中含有原生水时，裂缝和基质岩块的流体交换会充分进行。岩石亲水性越强，则渗吸作用表现得越明显，被置换出的原油亦越多。

（2）对于采用注水的油层，水沿裂缝注入，使裂缝中充满水，此时，岩块中的油会被水淹的裂缝切割并被"水锁"，形成大量的残余原油。残余油的排出则同样要依靠基质和裂缝的流体交换，基质岩块的渗吸作用越强，则排出的残余油越多。这种现象同样适用于底水或边水沿裂缝侵入时的情况。

（3）当油层压力降低到饱和压力以下时，岩石孔隙中所含流体的溶解气析出并逐渐膨胀，使孔隙中形成油气水三相状态。此时有两种泄油作用：一是由于气体膨胀驱出石油；二是裂缝中的油水被吸入基质孔隙，而基质孔隙中的油气被排入裂缝。而且只有在析出气泡直径小于岩石的最大连通孔喉直径时，渗吸作用才会顺利进行。

（4）对于具底水的油气藏，由于渗吸作用，使底水逐渐上升。底水上升的高度和速度与岩石的孔隙结构有密切关系。岩石越致密则底水上升越慢，但是上升的高度越大。

2.4　渗　吸　模　型

渗吸现象是一个非常复杂的现象，渗吸速度与强度受岩块的几何形态、物性特征（孔隙度、渗透率、润湿性和毛管力等）、流体的特性（密度、黏度、界面张力）、热动力条件、原始饱和度、边界条件、裂缝特性、注入速度等因素影响。

2.4.1　渗吸实验模型

对于干燥亲水砂岩岩心，渗吸速率与时间呈指数衰减规律，其速率变化方程为

$$v = v_0 + A\mathrm{e}^{(-x/t)} \tag{2.6}$$

式中，v——渗吸速率，mL/min；

　　　　v_0——时间趋于无穷时的渗吸速率，mL/min；

　　　　x——渗吸时间，s；

　　　　A——岩心渗吸特征值（与渗透率以及岩石物性等相关）；

　　　　t——渗吸强度指数。

渗吸速率衰减规律与低渗透砂岩油藏的产量衰减规律一致，也呈指数衰减。

实验结果表明，渗吸速率与渗吸采收率可以通过同一个方程形式描述，其渗吸强度指数与特征值受岩心长度、流体性质、储层孔隙、渗透率物性等参数影响。可以通过实验确定区块的渗吸特征值，建立渗吸速率与渗吸最终采收率方程。

在水湿的裂缝性油藏中，油藏的采油动态与单元岩块的自吸采油特性有密切的关系。在实验室里利用天然岩样模拟油藏含油岩块自吸采油实验，可以为预测裂缝性油藏的注水自吸采油特征提供依据。根据 Rapoport[101] 的相似条件研究结果，忽略重力作用，单元岩石的注水自吸采油模型实验满足如下条件：①模型与原型油水黏度比应为相似常数；②岩心组成物性相似；③模型与原型的油水相对渗透率函数相同；④模型与原型的毛管力函数呈比例。

采用油层岩样制作岩心，保证了润湿性与毛管力相似，对于干燥岩心渗吸速率，岩石孔道由水所形成的毛管力是由界面张力和润湿角决定的。岩石的润湿性是岩石-流体的综合特性，取决于岩石-流体及流体之间的界面张力和极性物质在岩石表面的吸附等。一般认为润湿性、毛管力属于岩石-流体的静态特性，而相对渗透率则属于岩石-流体的动态特性，但无论是静态特性、动态特性还是岩石孔隙中油水的分布，均与岩石的矿物组成有关。

2.4.2　渗吸毛管模型

哈根-泊肃叶（Hagen-Poiseuille）假设流体为牛顿流体并在管中做层流的条件下，得到了经典的泊肃叶定律，静态渗吸过程中，毛管力是主要驱动力，假设低渗透岩石由无穷毛管组成，根据毛管渗流的泊肃叶定律，单相液流在毛管中的流速 v 可表示为

$$v = \frac{r^2 \Delta P}{8\mu L} \tag{2.7}$$

由此可见，毛管中流动速度与管径平方成正比。

对等径毛管中两相界面移动，如图 2.6 所示，当存在外加压力时

$$v = \frac{r^2(P_1 - P_2 + P_c)}{8\sqrt{(\mu_2 L)^2 - (\mu_2 - \mu_1)\left[\dfrac{r^2 t}{4}(P_1 - P_2 + P_c) + 2\mu_2 L l_0 - l_0^2(\mu_2 - \mu_1)\right]}} \qquad (2.8)$$

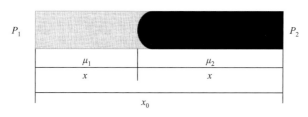

$$P_1 \qquad\qquad \mu_1 \qquad\qquad \mu_2 \qquad\qquad P_2$$

图 2.6　两相渗吸模型

当只有毛管力吸水排油时，渗吸速度为

$$v = \frac{r^2(P_c)}{8\sqrt{(\mu_2 L)^2 - (\mu_2 - \mu_1)\left[\dfrac{r^2 t}{4}(P_c) + 2\mu_2 L l_0 - l_0^2(\mu_2 - \mu_1)\right]}} \qquad (2.9)$$

式中，$P_c = \dfrac{2\sigma\cos\theta}{r}$，$P_c$ 为毛管力，Pa；

μ_1，μ_2——不同流体的黏度，Pa·s；

P_1，P_2——毛管两端的压力，Pa；

L——毛管长度，m；

l_0——流体侵入毛管距离，m；

σ——面张力，mN/m；

θ——润湿角，（°）；

r——毛管半径，m。

对于岩心，假设由 n 个毛管组成，管壁各点的物理化学性质是均一的，毛管渗吸速度很慢，忽略惯性作用。

由泊肃叶定律，流体通过半径为 r_i 的毛管的流量为

$$Q_i = \frac{\pi r_i^4 \Delta P}{8\mu L} \qquad (2.10)$$

式中，Q——在压差 ΔP(Pa)下通过岩样的流量，m^2/s；

L——岩样长度，m；

μ——流体黏度，Pa·s。

设：任一毛管体积为 V_i，则 $\pi r_i^2 = V_i / L$，将毛管力公式 $P_{ci} = 2\sigma\cos\theta / r_i$ 代入

$$Q_i = \frac{\pi r_i^2 r_i^2 \Delta P}{8\mu L} = \frac{\Delta P V_i 4(\sigma\cos\theta)^2}{8\mu L L P_{ci}^2} = \frac{(\sigma\cos\theta)^2 \Delta P V_i}{2\mu L^2 P_{ci}^2} \qquad (2.11)$$

岩石由 n 根不等直径毛管组成，其总渗吸量应为

$$Q = \sum_{i=1}^{n} Q_i = \frac{(\sigma\cos\theta)^2 \Delta P}{2\mu L^2} \sum_{i=1}^{n} \frac{V_i}{P_{ci}^2} \tag{2.12}$$

式中，σ——两相流体间的界面张力，N/m；

P_{ci}——半径为 r_i 毛管中的毛管力，Pa；

Q——渗吸量，m^2/s。

由此可以看出渗吸量受界面张力、孔隙半径、岩心长度、接触角、流体黏度等因素的综合影响。

（1）岩心特征长度越小，采收率越大，小岩块的渗吸采收率高；

（2）岩石润湿角越小，油藏岩石水湿性越强，油藏岩石孔道中的毛管力就越大，裂缝中的水越容易进入基质岩块，渗吸采收率越高；

（3）原油黏度越小，渗吸采收率越高。

任一毛管孔道体积 V_i 与所有毛管孔道体积 V_p 的比值相当于该毛管孔道在总毛管系统中的饱和度，即 $S_i = \dfrac{V_i}{V_p}$，且又 $V_p = AL\varphi$，渗透率为

$$k = \frac{(\sigma\cos\theta)^2}{2AL} V_p \sum_{i=1}^{n} \frac{S_i}{P_{ci}^2} = \frac{(\sigma\cos\theta)^2 \varphi}{2} \sum_{i=1}^{n} \frac{S_i}{P_{ci}^2} \tag{2.13}$$

考虑假想岩石与真实岩石的差别，引入校正系数 λ（称岩性系数），并写成积分的形式：

$$k = 0.5(\sigma\cos\theta)^2 \varphi\lambda \int_{S=0}^{1} \frac{\mathrm{d}S}{P_c^2} \tag{2.14}$$

对于实际岩样，毛管力为

$$P_c = P_o - P_w = \sigma\cos\theta \sqrt{\frac{\varphi}{k}} J(S_w) \tag{2.15}$$

考虑渗透率、毛管力是饱和度的函数，一维岩心自吸方程为

$$q_0(L,t) = \sqrt{k\varphi} A\sigma f(\theta) \frac{\mu_w}{\mu_o} \left[\frac{k_{rw}k_{ro}}{\mu_w k_{ro} + \mu_o k_{rw}} \cdot \frac{\mathrm{d}J(S_w)}{\mathrm{d}S_w} \cdot \frac{\partial S_w}{\partial L} \right] \tag{2.16}$$

式中，$f(\theta)$——湿润接触角的某一函数；

$J(S_w)$——莱弗里特函数；

μ_w——水的黏度，Pa·s；

μ_o——原油黏度，Pa·s；

k_{rw}——水相相对渗透率；

k_{ro}——油相相对渗透率；

L——距渗率面的线性距离，m；

A——截面积，m^2；

t——自吸时间，s。

由上式可见，岩石自吸采油量（速度）与油水界面张力和渗透率及孔隙度的平方根成正比，且自吸采油量是岩石的油水相对渗透率和毛管力特征及油水黏度等的复杂函数，

而且，岩石的一维自吸采油速度，随渗吸方向上距渗吸面的距离的增大而减小。所以，一般渗吸前缘的推进速度要低于裂缝中水前缘的推进速度，由此也可以推知，裂缝-岩块系统中水渗吸排油速度将随渗吸时间的推移和岩块尺寸的增大而减小。

2.4.3　实际油藏渗吸

在油藏条件下，进入岩块底部的水驱替油，油从岩块上部采出，其中水是润湿相而油是非润湿相，如图 2.7 所示。

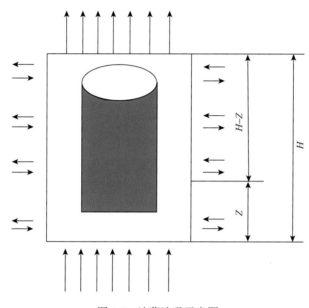

图 2.7　油藏渗吸示意图

渗吸的理想数学模型为

$$u = \frac{P_c + g(H-Z)\Delta\rho}{\dfrac{\mu_w}{kk_{rw}}\left[MH + (1-M)Z\right]} \quad （2.17）$$

式中，u——渗吸量，m^2/s；

P_c——油水系统的毛管力，Pa；

g——重力加速度，m/s；

H——油水柱高度，m；

Z——水柱高度，m；

$\Delta\rho$——油水密度差，kg/m^2；

M——油水流度比；

k——绝对渗透率，μm^2；

渗吸量是毛管力、相渗、重力、油水流度比 M 及水柱高度 Z 的差函数，当 $H - Z \gg H_c$

时,(H_c 为毛管力折算高度,m)时,$g(H-Z)\Delta\rho \gg P_c$,重力占绝对优势;相反,$H-Z \ll H_c$ 时毛管力占绝对优势。

2.5 渗 吸 实 验

2.5.1 实验设备流程

渗吸测定方法分为体积法与质量法。体积方法如图 2.8 所示,将岩心放入渗吸仪内,记录时间与体积变化,实验方法参照《油藏岩石润湿性测定方法》(SY/T 5153—2007),该方法由于受刻度的限制,渗吸速率的测定受到一定限制。

为了克服上述实验带来的误差,设计了自动测量装置,如图 2.9 所示。装置由计算机、分析天平、自动采集系统、恒温水浴四部分组成,即将岩心放入渗吸介质中,岩心发生渗吸作用,质量发生变化,从采集系统的数据分析渗吸规律,研究时间、温度、界面张力、束缚水饱和度等因素对渗吸孔隙体积、渗吸速率、渗吸采收率的影响。

$$R = \frac{\Delta m}{(\rho_w - \rho_o)V_o} \times 100\% \qquad (2.18)$$

式中,R——岩样在 t 时刻的渗吸效率,%;

Δm——t 时刻岩样质量的增加值,g;

ρ_w——实验用水密度,g/cm³;

ρ_o——模拟油密度,g/cm³;

V_o——岩样的饱和油体积,g/cm³。

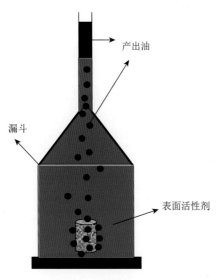

图 2.8 体积法自发渗吸实验装置示意图

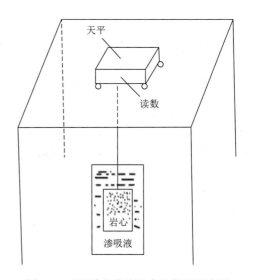

图 2.9 质量法自发渗吸实验装置示意图

2.5.2　实验步骤

（1）将岩心编号并用直尺量取各岩心的几何尺寸——长度和直径；

（2）用苯和酒精（3∶1）清洗岩心，清洗残留在岩心中的原油，直到溶剂的颜色不发生明显变化为止；

（3）清洗晾干后，用烘箱在 88℃左右烘烤岩心 8h 以上，让其冷却后，取出称重，直到前后两次质量差小于 0.01g 为止，取平均值为岩心干重；

（4）岩心烘干称重后，测气体绝对渗透率；

（5）通过称量一定体积模拟水质量的方法计算水的密度；

（6）干燥岩心放入渗吸仪，记录岩心不同时刻的渗吸速度；

（7）放入恒温水浴加热后测量质量变化；

（8）岩心抽真空，然后吸水饱和（模拟地层水矿化度标准盐水）；

（9）测定（水相）绝对渗透率；

（10）用模拟油驱替岩心造束缚水，记下驱出水量的精确值，计算束缚水饱和度及此时的油相渗透率；

（11）停泵卸压，从岩心夹持器中取出岩心，擦干，放入渗吸仪中，每隔一定时间记录采油量，计算渗吸速度，直至不再出油为止，记录最终的渗吸采收率，读渗吸出油量 V_{od}；

（12）将岩心重新装入夹持器，再用盐水驱替（驱替前，应先用水清洗容器），测量驱出的油量 V_o，用不同的驱替速度进行水驱，稳定后记录岩心两端压差、采油量以及采水量，计算相渗透率，研究最佳驱替速度，同时计算润湿指数。

2.5.3　多孔介质渗吸影响因素

影响多孔介质渗吸的因素包括边界条件、温度、原油黏度、原油润湿性、界面张力、渗透率、裂缝驱替速度、油水黏度比、初始含水饱和度。

1. 边界条件

将岩样表面进行处理，分别开展侧面封闭、两端封闭和全部裸露的渗吸采收率实验，实验结果表明：岩样与渗吸液的接触面积越大，渗吸驱油效果越好，如图 2.10 所示。

2. 温度

开展了渗吸液温度为 30℃和 50℃的渗吸采收率实验，实验结果表明：温度越高渗吸采收率越高，如图 2.11 所示。

3. 原油黏度

开展了模拟油和煤油来饱和岩样的实验，在相同条件下模拟油黏度为 2.23mPa·s，煤油黏度为 1.10mPa·s，实验结果表明：原油黏度越低，渗吸效果越好，如图 2.12 所示。

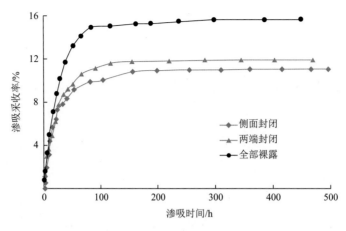

图 2.10　三种不同边界条件渗吸采收率比较

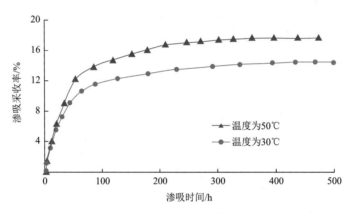

图 2.11　两种不同温度条件渗吸采收率比较

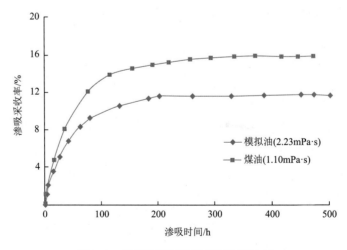

图 2.12　模拟油和煤油渗吸采收率比较

4. 润湿性

开展了三种岩心润湿性（油湿、水湿和中性润湿）的渗吸采收率实验，其他实验条件相同情况下的渗吸采收率差异非常大，实验结果表明：岩心越亲水，驱油效果越好，如图 2.13 所示。

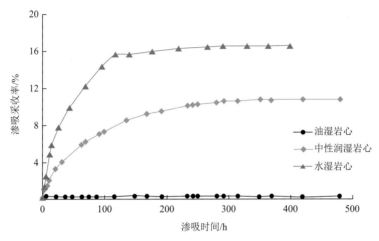

图 2.13　不同润湿性岩心渗吸采收率比较

5. 界面张力

分别开展了四种不同界面张力大小条件下的渗吸采收率实验，为了研究界面张力对渗吸采收率的影响，选用了跨量级变化的三相界面张力体系，界面张力分别为 7.900mN/m、0.800mN/m、0.040mN/m、0.003mN/m，其他实验条件相同情况下的渗吸采收率差异非常大。实验结果表明：渗吸系统界面张力并不是越高或越低就越好，该系统实际存在最佳界面张力体系，此时系统重力分异和毛管力共同作用，渗吸采收率达到最高，如图 2.14 所示。

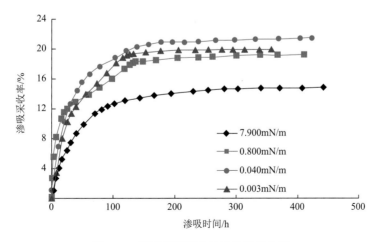

图 2.14　不同界面张力体系渗吸采收率

6. 渗透率

分别开展了五种不同渗透率岩心的渗吸采收率实验，实验结果为渗透率最小的样品渗吸采收率最小，但渗透率最大的样品渗吸采收率并不是最高，而是中等渗透率样品渗吸采收率最高。实验表明：并非渗透率越大或越小，渗吸效果越好，而是存在最佳渗透率条件，使得渗吸效果最好、渗吸采收率最高，如图2.15所示。

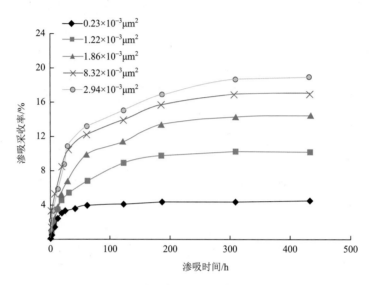

图 2.15   渗透率对渗吸采收率的影响

7. 油水黏度比

分别开展了五种不同油水黏度比条件下的渗吸采收率实验，实验结果表明：油水黏度比越小，渗吸效率越高，渗吸速度越快，如图2.16所示。

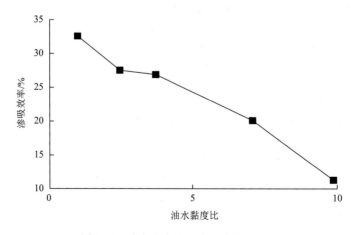

图 2.16   油水黏度比对渗吸效率的影响

8. 裂缝驱替速度

分别展开了不同驱替速度条件下的裂缝样品的渗吸采收率实验，由实验结果可知，驱替速度最低的条件下渗吸采收率最小，但驱替速度最高的条件下，样品渗吸采收率并不是最高，而是较低速度条件下渗吸采收率最高。实验表明：并非驱替速度条件越高或越低，渗吸效果越好，而是存在最佳驱替速度条件，使得渗吸效果最好、渗吸采收率最高，如图 2.17 所示。

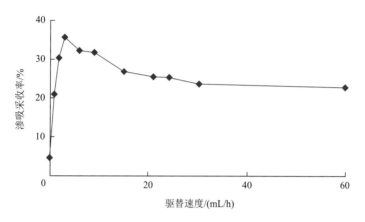

图 2.17　裂缝驱替速度对渗吸采收率的影响

9. 初始含水饱和度

分别展开了三种不同初始含水饱和度条件下的渗吸采收率实验，实验表明：随初始含水饱和度增加，渗吸采收率下降非常快，渗吸速度减慢，如图 2.18 所示。

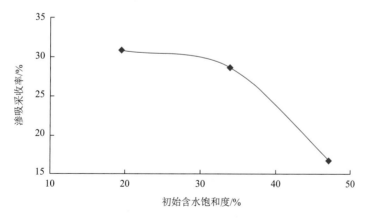

图 2.18　初始含水饱和度对渗吸采收率的影响

第3章 杏子川长6储层微观孔喉结构恒速压汞实验

该实验研究选取杏子川区块长6和长4＋5油层共9块岩样，开展微观孔喉结构特征研究。该区块孔隙分布特征表现出双重孔隙介质特征，孔隙半径为110～320μm，喉道半径为0～3μm，反映出典型的中孔细喉型特征；孔隙和喉道毛管力曲线陡峭，进汞饱和度低于20%时主要进入孔隙，进汞饱和度为20%～60%时主要进入喉道和孔隙；该区块平均孔喉比较大，渗流阻力大。

本实验采用实验室全自动压汞仪，开展9组不同孔渗特性样品的恒速压汞实验，分析微观孔喉特征参数，包括孔喉比、配位数、中值半径、倾向量度、分选量度、歪度、峰态、孔隙度、渗透率，为后面分析渗吸和驱替机理微观控制因素提供基础。

本实验研究难点首先是样品为特低渗，测量难度大，其次是如何在有限的实验样次条件下建立多参数统计关系。

本实验研究内容为：①对所有样品进行筛选，初选3档孔渗性能参数样品各3块；②上述9块样品进行恒速压汞实验，绘制孔喉比分布频率曲线、毛管力曲线、喉道对渗透率贡献曲线；③同时计算喉道分布曲线和各特征参数（如排驱压力、饱和度中值压力、最小湿相饱和度、倾向量度、分选性量度、歪度、峰态等）。

3.1 样品基础物性

选取的9块岩样的基础物性参数如表3.1所示，由表3.1可知，本组实验岩心孔隙度范围为10.7%～16.5%，实验室气体渗透率范围为0.160～0.805mD，可见本组岩心孔渗性能相差不大，可进行该组样品的微观孔喉结构特征的统计分析。

表3.1 恒速压汞实验样品基础物性参数表

岩心编号	长度/cm	直径/cm	干重/g	孔隙度/%	气体渗透率/mD	孔隙体积/cm³	体积密度/（g/cm³）
定3C6(8)	4.997	2.402	52.2	15.1	0.231	3.42	2.31
定5C4+5(2)	5.010	2.416	54.21	11.1	0.172	2.55	2.36
定5C4+5(4)	5.088	2.402	55.06	10.7	0.184	2.47	2.39
杏子川C4+5(1)	5.014	2.402	53.05	12.7	0.805	2.89	2.33
杏子川C4+5(2)	5.010	2.417	53.7	11.6	0.514	2.67	2.34
杏子川C4+5(4)	5.014	2.411	54.05	11.3	0.237	2.59	2.36
杏子川C6(1)	5.000	2.401	54.8	13.6	0.160	3.08	2.42
杏子川C6(5)	5.017	2.402	53.29	10.2	0.287	2.32	2.34
杏子川C6(6)	5.010	2.399	52.63	16.5	0.377	3.74	2.32

3.2　恒速压汞实验原理与方法

恒速压汞技术是目前国际上用于分析岩石微观孔隙结构特征最先进的技术之一。与常规的压汞定压力不同，恒速压汞是以很低的恒定速度（通常为 0.00005mL/min）将汞注入岩石孔隙。因其进汞速度极低，可近似保持准静态过程，根据进汞端弯月面在经过不同形状微观孔隙时所发生的自然压力涨落来获取微观孔隙结构方面的信息。汞在岩石多孔介质内的低速流动过程较好地模拟了储层内流体的渗流过程。用恒速压汞技术得到的孔隙和喉道信息能较好地反映流体在储层内渗流过程中动态的孔隙和喉道特征。基本的理论假设为：①在进汞过程中，界面张力与接触角始终保持不变；②汞前缘流经的每个孔隙形状的改变，都会引起弯液面形状的变化，从而引起毛管力的变化；③汞侵入岩石多孔介质的过程受到喉道的控制，依次由一个喉道进入到下一个喉道。汞的饱和度在这样的准静态过程中可认为在一个瞬时是保持不变的。汞进入孔隙空间会受到喉道的限制，当汞突破喉道限制进入孔隙的瞬间，汞在孔隙空间内将会以极快的速度重新分布，产生一个压力降落，随后压力回升直到把整个孔隙充满，随后又会进入下一个喉道。

3.3　压汞实验装置及步骤

3.3.1　实验装置

恒速压汞实验所采用的是由美国 Coretest Systems 公司生产的 ASPE-730 型恒速压汞装置（图 3.1）。

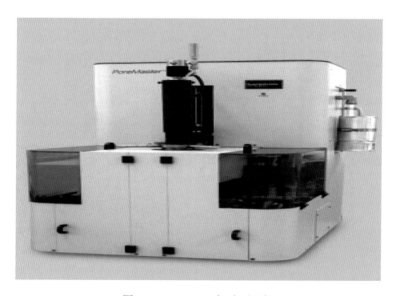

图 3.1　ASPE-730 恒速压汞仪

3.3.2　实验步骤

（1）钻取直径为 2.5cm 的柱塞岩样，洗油后烘干；

（2）用气测方法测量洗油烘干后的标准岩心的孔隙度和渗透率；

（3）从柱塞岩样上截取小块岩样抽真空，然后浸泡在汞液中；

（4）以恒定的速度（0.00005mL/min）向岩心注汞，进汞过程中压力周期性的降落—回升，当压力达到 900psi（1psi = 6.89476×10^{3}Pa）时实验结束；

（5）进汞同时，通过计算机系统来进行实时监控及自动化数据的采集和输出，以备后续处理。

3.3.3　实验参数

1. 毛管力曲线

以毛管力的对数为纵坐标，累计汞饱和度为横坐标，在半对数坐标图上绘制毛管力与汞饱和度的关系曲线。汞饱和度从右到左由 0 到 100%。

2. 孔喉分布直方图

以孔喉半径 r 为纵坐标，以对应的孔喉分布频率为横坐标作直方图。

3. 毛管力曲线上的特征参数

（1）排驱压力（p_{cd}）。排驱压力也称阈压，它是非润湿相开始连续进入岩样最大喉道时所对应的毛管力。在半对数坐标中沿着毛管力曲线平坦部分的第一个拐点作切线，切线延长与纵坐标轴相交的压力点即为排驱压力。

（2）饱和度中值压力（p_{c50}）。饱和度中值压力指进汞饱和度为 50% 时所对应的毛管力。

（3）中值半径（r_{50}）。与饱和度中值压力相对应的喉道半径即为饱和度中值喉道半径，简称中值半径。

（4）最大进汞饱和度（S_{max}）。最大进汞饱和度是指最高试验压力时的汞饱和度值。

（5）残余汞饱和度（S_{Hgr}）。残余汞饱和度是指做退汞试验时，当压力由最高试验压力退到起始压力或当地大气压时在岩样中残留的汞饱和度。

（6）退汞效率（W_e）。退汞效率是指退汞试验时退汞体积与进汞体积比值的百分数。

$$W_e = (S_{max} - S_{Hgr})/S_{max} \times 100\% \tag{3.1}$$

式中，W_e——退汞效率的数值，%；

　　　S_{max}——最大进汞饱和度的数值，%；

　　　S_{Hgr}——残余汞饱和度的数值，%。

4. 麻皮效应的校正

在做压汞试验的最初进汞阶段中，进汞量的增加是由于非湿相汞在岩样粗糙表面的坑凹处的贴合而引起的虚假侵入体积。随着压力的逐渐增大，坑凹被汞占满，此时汞还并没有真正进入孔喉系统，压力也没有达到排驱压力。但在仪器进汞量中，如把这一部分的空腔体积累计到总孔喉系统的进汞量中，会造成进汞饱和度数值偏大，这一现象称为麻皮效应。麻皮效应所产生的附加饱和度应当进行校正。麻皮效应的确定方法是首先确定排驱压力；然后过排驱压力点，作 X 轴的平行线，该平行线与毛管力曲线相交点所对应的汞饱和度即为麻皮效应值；最后，在进汞饱和度中减去麻皮效应值。

3.4　恒速压汞实验结果

3.4.1　岩样微观孔喉结构特征参数

本实验 9 组岩心的恒速压汞实验结果的微观孔喉结构参数列于表 3.2，主要微观孔喉结构特征参数包括平均喉道半径、主流喉道半径、平均孔隙半径、阈压、阈压喉道半径、中值半径、中值压力、总进汞饱和度、喉道进汞饱和度、孔隙进汞饱和度、剩余油饱和度、最小湿相饱和度、微观均质系数、相对分选系数、平均孔喉比、歪度、单位体积岩样有效喉道体积、单位体积岩样有效孔隙体积。由表 3.2 可以看出，该组样品表现出孔隙度较大、孔隙半径较大、喉道半径较小的特点，为中孔细喉型特征，平均孔喉比较大的样品，其气测渗透率都较大，说明喉道大小是控制岩石渗透性和流体渗流能力的主要控制因素。

表 3.2　9 组样品恒速压汞实验微观孔喉结构特征参数表

特征参数	杏子川C4+5(1)	杏子川C4+5(2)	杏子川C6(6)	定3C6(8)	杏子川C4+5(4)	杏子川C6(5)	定5C4+5(2)	杏子川C6(1)	定5C4+5(4)
气测孔隙度/%	12.7	11.6	16.5	15.1	11.3	10.2	11.1	13.6	11.3
总孔隙体积/cm³	0.5185	0.526	0.535	0.5058	0.5241	0.5536	0.5729	0.5358	0.5764
平均喉道半径/μm	1.5783	1.4227	1.1989	1.1219	1.3838	1.0466	1.2171	1.1225	1.8007
阈压/psi[①]	11.421	9.526	31.103	44.208	7.923	19.5	42.209	64.42	70.69
平均孔隙半径/μm	174.6162	175.2562	182.9231	179.3282	170.5295	175.016	177.0047	190.702	197.7621
剩余油饱和度/%	32.41	33.38	32.16	22.19	27.25	24.3	23.55	32.14	34.5
气测渗透率/mD	0.805	0.514	0.377	0.231	0.237	0.287	0.172	0.16	0.184
总进汞饱和度/%	63.487	61.4781	63.4836	57.9907	62.481	61.7869	62.4817	59.9912	58.9906
中值压力/atm[②]	17.1248	20.6483	18.0507	28.5122	21.7243	18.5431	18.8744	21.2146	18.7706
阈压喉道半径/μm	9.333	11.19	3.427	2.4111	13.454	5.4639	2.526	1.6539	1.5072

---

① 1psi = 6.89476×10⁵Pa。

② 1atm = 1.01325×10⁵Pa。

续表

样品编号	杏子川 C4+5(1)	杏子川 C4+5(2)	杏子川 C6(6)	定 3C6(8)	杏子川 C4+5(4)	杏子川 C6(5)	定 5C4+5(2)	杏子川 C6(1)	定 5C4+5(4)
单位体积岩样有效喉道体积 /(mL/cm³)	0.3999	0.396	0.4584	0.3423	0.434	0.4631	0.469	0.4047	0.4062
歪度	0.4955	0.491	0.3638	0.4623	0.4603	0.4089	0.4531	0.4267	0.2877
岩样密度/cm³	2.33	2.34	2.32	2.31	2.36	2.34	2.39	2.42	2.36
喉道进汞饱和度/%	23.4139	21.3773	17.1633	13.1891	19.2498	18.5034	20.0549	14.1374	16.5046
中值半径/μm	0.4236	0.3513	0.4040	0.2544	0.3339	0.3910	0.3843	0.3417	0.3862
微观均质系数	0.1578	0.1423	0.1199	0.1122	0.1384	0.1047	0.1217	0.1223	0.1801
单位体积岩样有效孔隙体积 /(mL/cm³)	0.3103	0.2292	0.2943	0.2176	0.3051	0.3257	0.3377	0.2552	0.2798
束缚水饱和度 /%	36.51	38.52	36.52	42.01	37.52	38.21	37.52	40.01	41.01
总体积/cm³	1.84	1.806	1.796	2.376	1.891	1.93	1.99	1.928	1.892
孔隙进汞饱和度/%	40.5731	40.6008	46.8203	44.8015	43.2312	42.6835	42.4268	45.8537	42.486
主流喉道半径 /μm	4.3065	4.3065	0.1231	4.2931	4.3003	4.2988	0.1231	0.1232	4.2926
相对分选系数	0.3052	0.3173	0.2718	0.3172	0.2944	0.3663	0.304	0.3663	0.3687
平均孔喉比	110.6345	123.1849	152.579	159.8433	123.2295	183.1644	145.4285	169.8904	108.1587

3.4.2　岩样孔道累计频率分布曲线

本实验 9 组岩心的恒速压汞实验结果的孔道累计频率分布曲线如图 3.2 所示,该组岩心孔隙半径较大,平均孔隙半径分布范围为 171～198μm,属于中等大小孔隙类型。

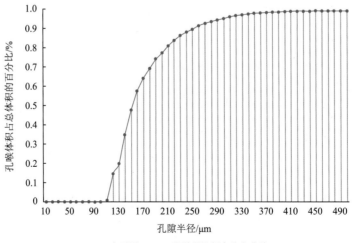

(a) 杏子川C4+5(1)孔道累计频率分布曲线

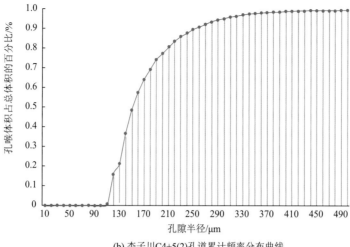

(b) 杏子川C4+5(2)孔道累计频率分布曲线

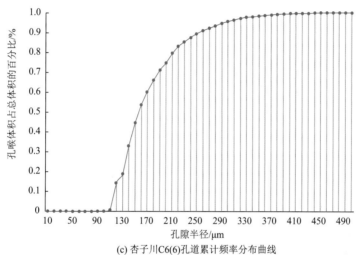

(c) 杏子川C6(6)孔道累计频率分布曲线

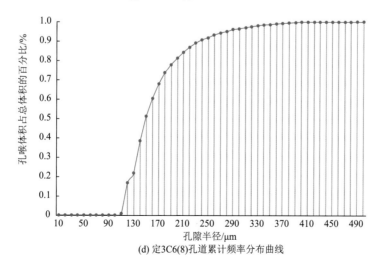

(d) 定3C6(8)孔道累计频率分布曲线

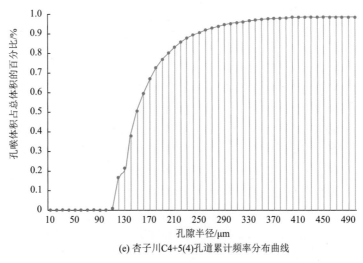

(e) 杏子川C4+5(4)孔道累计频率分布曲线

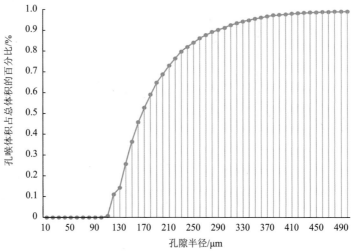

(f) 杏子川C6(5)孔道累计频率分布曲线

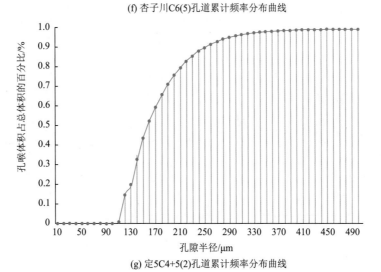

(g) 定5C4+5(2)孔道累计频率分布曲线

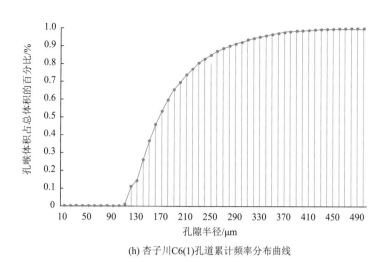

(h) 杏子川C6(1)孔道累计频率分布曲线

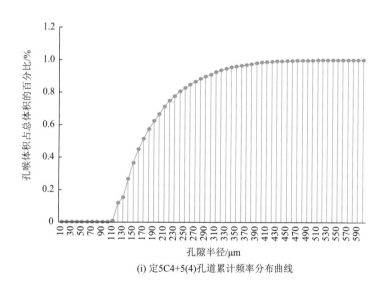

(i) 定5C4+5(4)孔道累计频率分布曲线

图 3.2 9 组岩心恒速压汞孔道累计频率分布曲线图

3.4.3 岩样毛管力曲线及孔喉分布直方图

本实验 9 组岩心的恒速压汞实验结果的毛管力曲线及孔喉分布直方图如图 3.3 所示,由图 3.3 可见,该组岩心喉道半径较小,平均喉道半径分布范围为 1.0～1.8μm,主流喉道半径主要有两种类型,分别为 0.1μm 和 4.3μm,属于细小喉道类型。

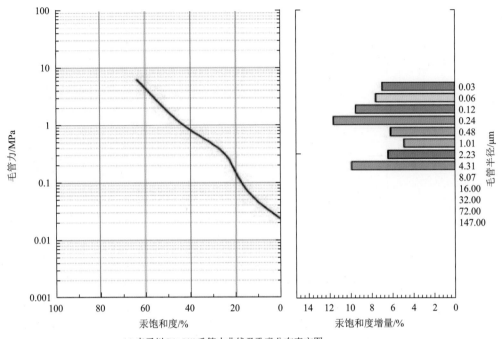

(a) 杏子川C4+5(1)毛管力曲线及孔喉分布直方图

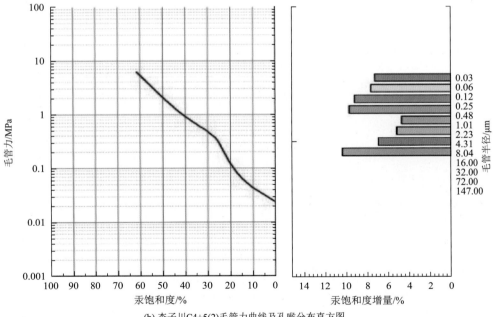

(b) 杏子川C4+5(2)毛管力曲线及孔喉分布直方图

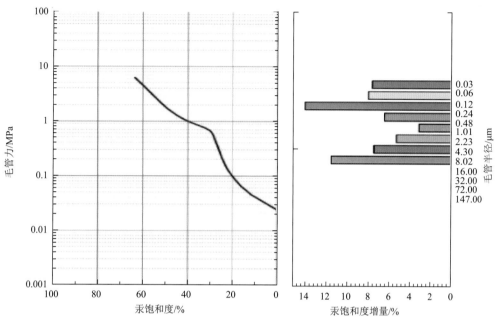

(c) 杏子川C6(6)毛管力曲线及孔喉分布直方图

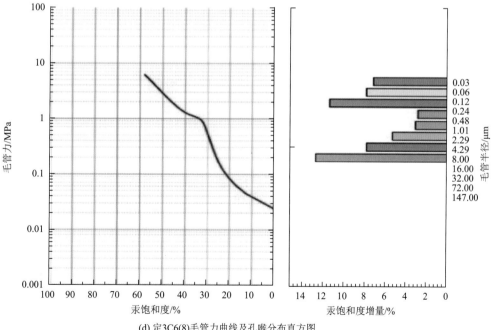

(d) 定3C6(8)毛管力曲线及孔喉分布直方图

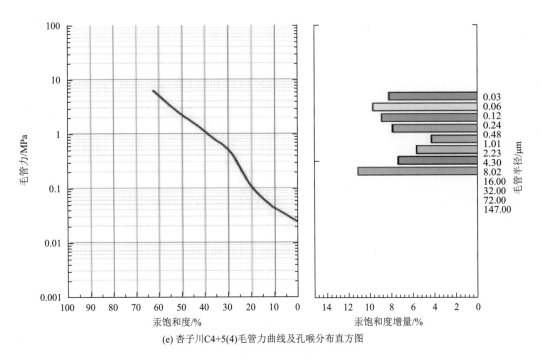

(e) 杏子川C4+5(4)毛管力曲线及孔喉分布直方图

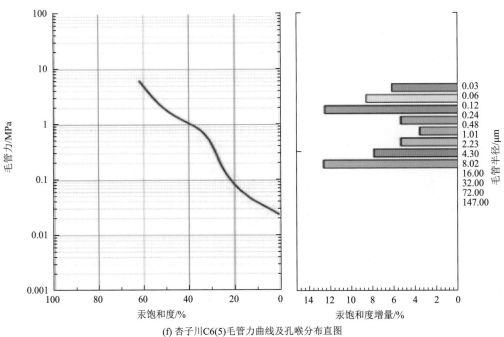

(f) 杏子川C6(5)毛管力曲线及孔喉分布直图

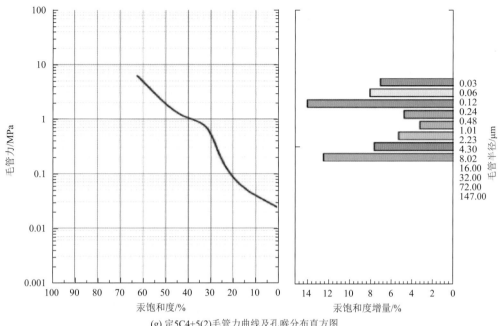

(g) 定5C4+5(2)毛管力曲线及孔喉分布直方图

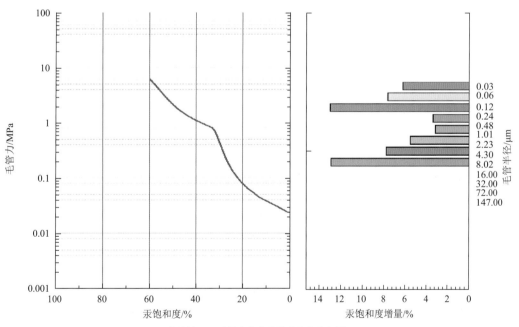

(h) 杏子川C6(1)毛管力曲线及孔喉分布直方图

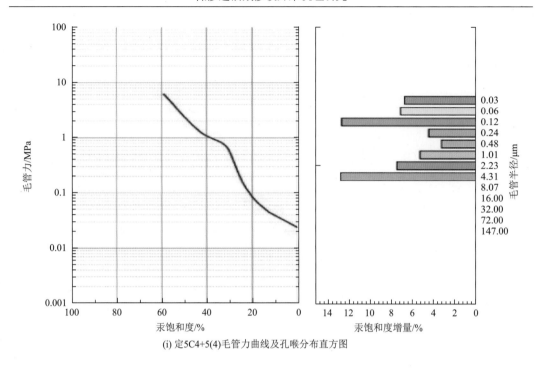

(i) 定5C4+5(4)毛管力曲线及孔喉分布直方图

图3.3　9组岩心恒速压汞毛管力曲线和孔喉分布直方图

3.5　微观孔喉结构特征分析

本书对上述 9 个样品的恒速压汞实验测量得到的微观孔喉结构特征信息进行了深入分析，分别对本区块和延长组其他区块的孔隙半径分布、喉道半径分布、孔喉半径比分布和毛管力曲线变化特征进行了对比分析。

3.5.1　孔喉半径分布特征

该区块所选 9 块岩样的孔隙半径分布特征曲线如图 3.4 所示，由图 3.4 可知，这组岩样普遍表现出双重孔隙介质的特征，孔隙半径分布主要范围为 110～320μm，峰值半径为 140μm 左右。而延长油田其他区块的孔隙半径分布特征曲线，如图 3.5 所示，由图 3.5 可知，延长油田其他区块孔隙半径分布主要范围为 100～250μm，峰值半径为 150μm 左右。可见，本研究区块的孔隙分布特征与其他区块类似都属于中等孔隙型储层，但本研究区块还有双重孔隙介质特征。

该区块所选 9 块岩样的喉道半径分布特征曲线如图 3.6 所示，由图 3.6 可知，这组岩样普遍表现出细喉道特征，喉道半径分布主要范围为 0～3μm 内，峰值半径为 1μm 左右，喉道半径的分布形态有一定差异，随渗透率增大，大喉道所占比例逐渐增加，喉道半径的分布有逐渐变宽且峰值逐渐降低的趋势。而延长油田其他区块的喉道半径分布特征曲线，如图 3.7 所示，由图 3.7 可知，其他区块喉道半径峰值为 2.5μm 左右。可见，本研究区块的孔隙分布特征与其他区块类似都属于细喉型储层，但本区块比其他区块的喉道更细小，渗流阻力更大。

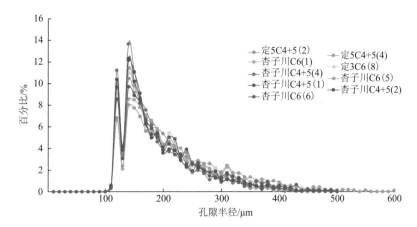

图 3.4　本区块 9 块岩样孔隙半径分布特征曲线

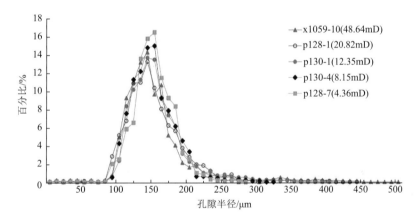

图 3.5　延长油田其他区块孔隙半径分布特征曲线

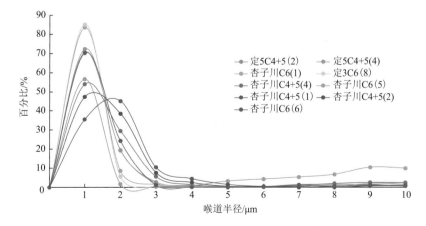

图 3.6　本区块喉道半径分布特征曲线

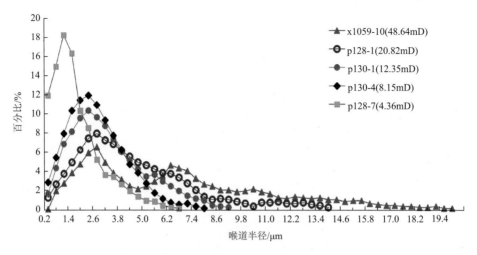

图 3.7　延长油田其他区块喉道半径分布特征曲线

3.5.2　孔喉半径比分布

本区块所选 9 块岩样的孔喉半径比分布特征曲线如图 3.8 所示,由图 3.8 可知,这组岩样孔喉半径比较大,平均孔喉半径比主要为 110~160,平均值为 138.8 左右,随渗透率的增加,孔喉半径比在高值区域的分布逐渐减少,在低值区域的分布逐渐增加,曲线的峰值降低、曲线形状变窄,说明孔隙、喉道的配置情况也是影响渗透率的主要因素之一。而延长油田其他区块的孔喉半径比分布特征曲线如图 3.9 所示,由图 3.9 可知,其他区块孔喉半径比峰值在 50 左右。可见,本研究区块的孔喉半径比比其他区块的更大,孔隙和喉道半径相差越大,原油流动运移阻力越大,导致采收率越低。

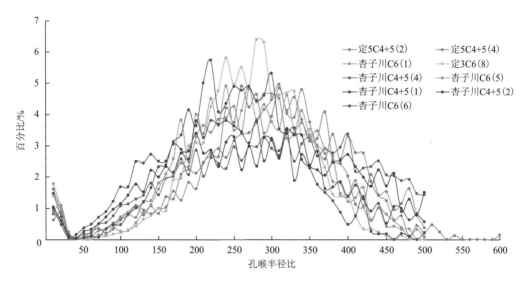

图 3.8　本区块孔喉半径比分布特征曲线

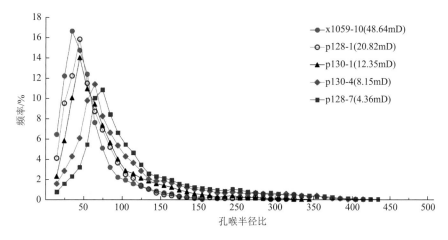

图 3.9　延长油田其他区块孔喉半径比分布特征曲线

3.5.3　毛管力曲线变化特征

　　该区块所选 9 块岩样的毛管力曲线变化特征曲线如图 3.10 所示，图中分别绘制出了每个岩样的喉道毛管力曲线、孔隙毛管力曲线和总毛管力曲线这三种不同的毛管力曲线。由图 3.10 可知，进汞初期，喉道毛管力急速上升、孔隙毛管力上升较块，汞以较慢速度通过大喉道进入孔隙；随进汞压力增加，汞开始进入小喉道，孔隙中汞含量开始以稳定速度增加。待所有连通喉道被填满之后，孔隙进汞速度放缓，此时总毛管力曲线和孔隙毛

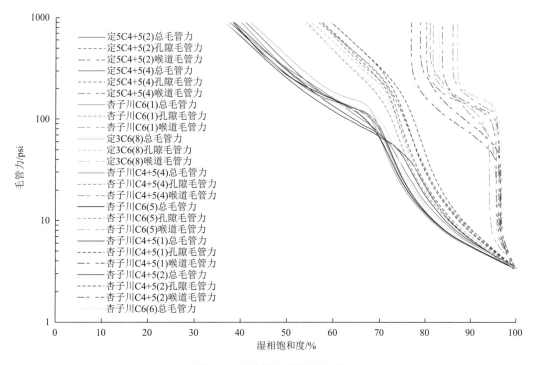

图 3.10　9 块岩心毛管力曲线

管力曲线趋势基本一致。此外，将本区块岩样的毛管力曲线与延长油田其他区块毛管力曲线变化特征进行对比分析，本区块岩样的毛管力曲线如图 3.11 所示，其他区块毛管力曲线如图 3.12 所示，由图 3.11 和图 3.12 可知，本区块岩心毛管力曲线更加陡峭，说明本区块渗透性更低，毛管力大，毛管半径小，开发难度大，进汞饱和度达 20%时主要进入孔隙，进汞饱和度达 20%~60%时才进入喉道和孔隙，如何充分利用毛管力作用来提高最终采收率呢？对于杏子川油区，在进行开发时要特别重视小喉道的渗流控制作用。

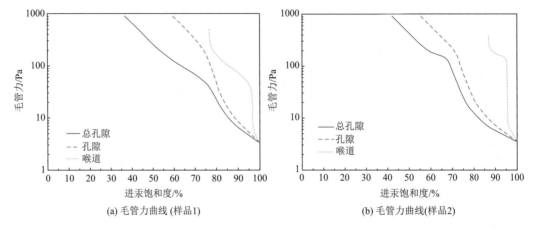

(a) 毛管力曲线 (样品1)　　　　　　　　(b) 毛管力曲线(样品2)

图 3.11　本区块岩心总孔隙、孔隙和喉道毛管力曲线

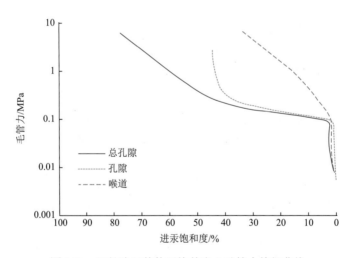

图 3.12　延长油田其他区块某岩心毛管力特征曲线

综上所述，本研究区块束缚水饱和度高达 36.51%~42.01%，孔喉比大（108.159~183.164μm），平均喉道半径为 1.047~1.801μm，中值压力大（1.713~2.851MPa），中值半径小（0.254~0.424μm），主流喉道半径小（0.123~4.307μm），平均孔隙半径为 170.53~197.76μm，阈压大（0.06~0.49MPa），阈压喉道半径小（1.654~13.454μm），微观均质系数为 0.105~0.18，相对分选系数为 0.272~0.369，歪度为 0.288~0.496。

第4章　杏子川长6储层模拟地层条件渗吸实验

本次实验是国内外首次开展的模拟地层条件的渗吸实验，选取 6 组和 1 组岩样分别开展了模拟地层条件（50℃，10MPa）下和常温常压下的自发渗吸实验，并与前期 6 组常温常压渗吸实验进行对比分析，模拟地层条件下渗吸效率明显高于常温常压渗吸效率。

本实验是采用自研自制带压的渗吸装置，开展 12 样次模拟地层条件渗吸实验，同时开展了对比渗吸实验，包括常温常压渗吸和脉冲压渗吸，分析带压渗吸机理，揭示带压驱替作用对渗吸效率的影响。

本实验研究难点：①地层条件渗吸现象与常规渗吸实验有很大不同，孔隙内油珠或油滴难以剥离析出；②析出油珠如何计量和在线监测；③超低渗样品如何准确建立束缚水饱和度。

本实验研究内容为带压渗吸机理、带压渗吸特征分析、带压驱替作用对渗吸采收率影响分析。

4.1　样品基础物性

本研究选取目标区块 6 组和 1 组岩样分别开展了模拟地层条件（50℃，10MPa）下和常温常压下的自发渗吸实验，此外选取了一组岩样开展了高压脉冲渗吸实验，从中还选取了 3 组岩样进行造缝，开展了模拟地层条件下的裂缝渗吸实验。共选取的 8 个岩样和 11 组渗吸实验样品的基础物性参数和实验条件详见表 4.1。由表 4.1 可知，这组岩心孔隙度为 10.2%～16.7%，渗透率为 0.101～0.377mD，物性相近。

表 4.1　高温高压自发渗吸实验样品基础物性和实验条件

序号	岩心编号	φ /%	k_g /mD	T /℃	P /MPa	样品条件	渗吸介质
1	定 3C6(4)	14.9	0.352	50	10	基质	盐水
2	定 3C6(4)-1	14.9	0.352	50	10	1/3 缝长	盐水
3	定 3C6(8)	15.1	0.231	50	10	基质	盐水
4	定 5C4+5(2)	11.1	0.172	50	10	基质	盐水
5	杏子川 C4+5(5)	10.8	0.101	20		8/4 循环交替	基质	盐水
6	杏子川 C6(1)	13.6	0.160	50	10	基质	盐水
7	杏子川 C6(2)	16.7	0.228	50	10	基质	盐水

续表

序号	岩心编号	φ /%	k_g /mD	T/℃	P/MPa	样品条件	渗吸介质
8	杏子川 C6(2)-1	16.7	0.228	50	10	2/3 缝长	盐水
9	杏子川 C6(5)	10.2	0.287	50	10	基质	盐水
10	杏子川 C6(5)-1	10.2	0.287	50	10	贯通缝	盐水
11	杏子川 C6(6)	16.5	0.377	20	0.1	基质	盐水

4.2　渗吸实验原理与方法

自发渗吸是指多孔介质中润湿相依靠毛管力作用自发进入岩石孔隙,将其中非润湿相驱出。

(1)逆向渗吸:润湿相吸入方向和非润湿相排出方向相反[99]。毛管力作用远大于浮力作用,低渗储层渗透率低,油水孔隙中流动阻力大,多发生逆向渗吸。润湿相流体从小孔道 r_1 吸入,非润湿相流体从大孔道 r_2 排出。假设孔喉是圆形毛管,下式表示渗吸过程驱动力。

(2)顺向渗吸:润湿相吸入方向和非润湿相排出方向相同[100]。一般裂缝性亲水中高渗油藏渗吸中后期在浮力和毛管力共同作用下,水自低部位吸入岩心,油从高部位流出[102]。

饱和油岩心放入水中,由于大小不同,孔隙中毛管力差异较大,开始先发生逆向渗吸,随着渗吸速度逐渐下降,之后浮力逐渐占主导作用,顺向渗吸逐渐占主导。

实验室常规渗吸实验方法:质量法和体积法。

含水饱和度变化(含油饱和度变化)监测技术:低场核磁共振技术和 X 射线 CT 扫描技术。

1. 质量法(渗吸吸水体积＝排出油体积)

$$V_w = \frac{\Delta m}{\rho_w - \rho_o} \tag{4.1}$$

式中, V_w ——渗吸吸水体积,cm^3;

Δm ——渗吸前后岩样质量差,g;

ρ_w ——水的密度,g/cm^3;

ρ_o ——油的密度,g/cm^3。

渗吸采收率:

$$R = \frac{V_w}{V_o} \times 100\% = \frac{\Delta m}{(\rho_w - \rho_o)V_o} \times 100\% \tag{4.2}$$

式中，R——渗吸采收率，无量纲；

V_o——岩样中的油的体积，cm^3。

由于油水密度差，随着水吸入岩心，油流出岩心，天平读数会增加，通过记录不同时刻天平质量增量可折算出渗吸出来的油量。

2. 体积法

吸水仪（Amott 瓶）记录排出油体积随时间变化，由于油水密度差，渗吸排出油与水界面分离，可直接读出渗吸排出油体积。

4.3　实　验　装　置

本实验采用自制的高温高压下岩心渗吸测量装置（图 4.1 所示），实验设备包括手摇泵、大量程精密液体压力表、六通阀、耐高温高压容器、JK-DMS-ProNII 磁力搅拌器、MesoMR23-60H-I 型核磁共振仪、管线若干、支架、磁性搅拌转子。

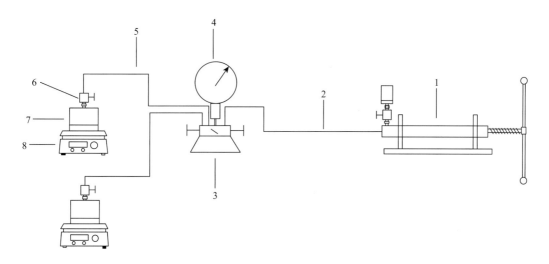

1. 手摇泵；2. 管路1；3. 六通阀；4. 压力表；5. 管路2；6. 阀门；7. 耐高温高压容器；8. 磁力搅拌器

图 4.1　模拟地层条件渗吸实验装置结构示意图

4.4　实　验　步　骤

利用 3 块储层岩样进行地层条件渗吸实验，实验用渗吸液是质量分数为 6%氯化锰溶液和矿化度为 $30000×10^{-6}$ 氯化钠溶液的混合液；实验用油为模拟油，现场原油经脱气脱水处理后与煤油以 1：4 体积比混合配制，室温下黏度为 2.23mPa·s，密度为 0.81g/cm^3。在实验开始前，需要使用质量分数为 6%的 $MnCl_2$ 溶液饱和样品，这是因为 $MnCl_2$ 溶于水

会后电离出 Mn^{2+} 离子，它会与水分子直接作用减弱水分子中的氢原子弛豫时间，从而屏蔽样品孔道中地层水对核磁共振实验的影响。同时为了尽可能减少样品存放时间对弛豫时间的影响[86]，样品在饱和油后立即进行高温高压渗吸实验。

具体实验方案如下：

（1）将岩样烘干称重，抽真空饱和地层水，称湿重，放置核磁共振仪中进行扫描得出 T_2 弛豫时间谱；

（2）用质量分数为 6% 的 $MnCl_2$ 溶液驱替岩心中的地层水并进行核磁共振 T_2 扫描，观察是否能检测到地层水的信号；

（3）用模拟地层油以 0.01mL/min 驱替，建立束缚水饱和度，进行核磁共振 T_2 扫描，观察油的信号强度并采集初始含油饱和度谱；

（4）将各饱和的岩样分别放在对应的支架上，然后将各支架置于对应的容器主体的底部上，将各顶盖盖合于对应的容器主体上，向各容器内分别注入渗吸液至溢出为止；

（5）通过注入主管连接压力供给机构和多通阀，通过各注入支管连接与其对应的容器和多通阀，将压力表与多通阀连接；

（6）往压力供给机构内注入渗吸液，将各容器分别与对应的加热搅拌机构连接，设置各加热搅拌机构的预定温度和预定转速，分别开启各加热搅拌机构，达到预定温度；

（7）开启动力机构和多通阀，通过压力表实时监测容器内的压力变化；

（8）渗吸24h，先关闭加热搅拌机构，然后关闭压力供给机构并进行卸压，再关闭多通阀，分别拆卸下各顶盖并取出对应的岩心样品；

（9）将各岩心样品分别用核磁共振仪扫描 T_2 谱，计算出岩心样品的含油饱和度以及剩余油在孔径范围内的分布情况；

（10）将各容器内的液体全部安全处理掉，将各岩心样品分别放在对应的支架上，然后将各支架放置于对应的容器主体的底部上，将各顶盖盖合于对应的容器主体上，向各容器内分别注入新的渗吸液至溢出为止，将各注入管的另一端分别与对应的容器连接；

（11）重复步骤（6）～（9），监测岩样的含油饱和度的变化情况；

（12）重复步骤（10）～（11），直至岩样的残余油饱和度不再变化，模拟渗吸试验结束。

4.5　模拟地层条件渗吸实验结果

本实验基于图 4.1 所示自主研发的模拟地层条件渗吸实验装置，该装置为国内首次研制的模拟地层条件渗吸实验装置，也是国内首次开展的地层条件下渗吸实验，结合核磁共振技术实时监测渗吸油水流动状态和油水分布状态，下面绘制了各岩样渗吸过程的核磁 T_2 谱图、剩余油在孔隙中的饱和度分布图，同时计算了剩余油饱和度变化过程以及对应的渗吸驱油效率。

4.5.1　渗吸 T_2 谱

对 6 组岩样记录了模拟地层条件（即高温 50℃高压 10MPa）下的自发渗吸实验过程的核磁共振 T_2 谱曲线的变化过程；对 1 组岩样记录了常规自发渗吸过程的核磁共振 T_2 谱曲线的变化过程；对 1 组岩样记录了高压脉冲压渗吸过程的核磁共振 T_2 谱曲线的变化过程；此外，在上述地层条件渗吸实验样品中选取了 3 块样品进行造缝，并记录了地层条件下渗吸过程的裂缝样核磁共振 T_2 谱曲线的变化过程。

（1）模拟地层条件下渗吸 T_2 谱如图 4.2 所示。

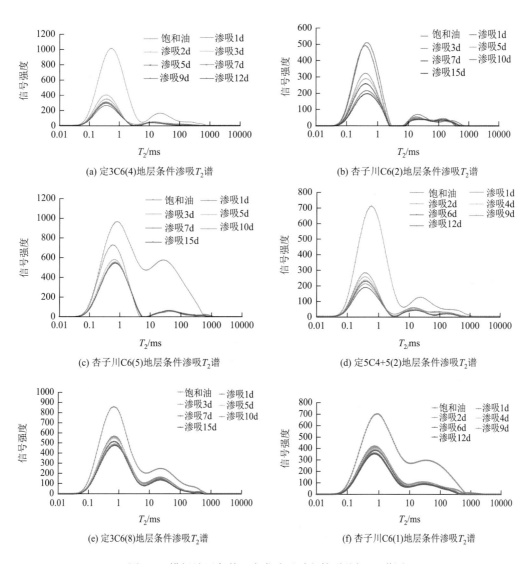

图 4.2　模拟地层条件下自发渗吸过程核磁共振 T_2 谱图

（2）常规（常温常压）自发渗吸 T_2 谱如图 4.3 所示。

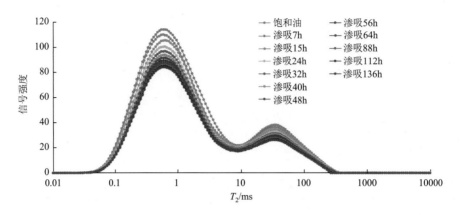

图 4.3 杏子川 C6(6)常规自发渗吸过程核磁共振 T_2 谱图

（3）高压脉冲压渗吸 T_2 谱如图 4.4 所示。

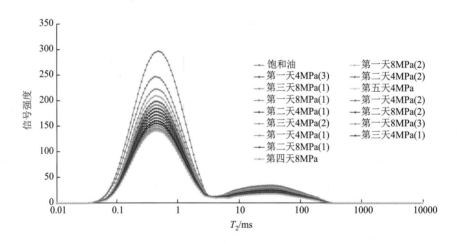

图 4.4 杏子川 C4＋5(5)高压脉冲压渗吸过程核磁共振 T_2 谱图

（4）地层条件渗吸裂缝样 T_2 谱如图 4.5 所示。待上述基质样品完成模拟地层条件自发渗吸实验之后，选取定 3C6(4)、杏子川 C6(2)、杏子川 C6(5)这三个样品再进行造缝处理，从岩心中心剖面切不同深度缝来模拟不同缝长，讨论缝长与渗吸效率之间的影响关系。定 3C6(4)-1 样造缝缝长为长度的 1/3，杏子川 C6(2)-1 样造缝缝长为长度的 2/3，杏子川 C6(5)-1 样造贯通缝。

由图 4.2～图 4.5 的 T_2 谱图可知，大部分岩样孔隙结构表现出双重孔隙介质特征，各种不同条件下的渗吸作用主要发生在渗吸早期（20～72h），渗吸速度最快，对最终渗吸效率的贡献最大达 50%以上，渗吸中后期渗吸速度减缓趋于 0，对最终渗吸效率影响较小。

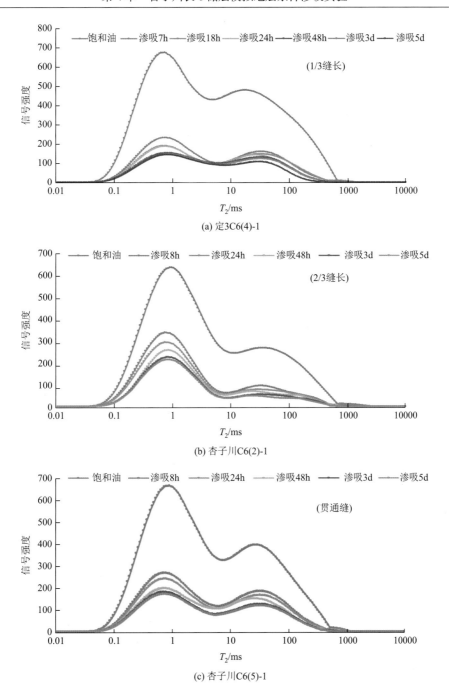

(a) 定3C6(4)-1

(b) 杏子川C6(2)-1

(c) 杏子川C6(5)-1

图 4.5　裂缝样地层条件自发渗吸过程核磁共振 T_2 谱图

4.5.2　剩余油分布

对上述 11 组渗吸实验结果绘制剩余油在孔隙中的分布状态。

（1）图 4.6 为模拟地层条件渗吸的 6 组实验结果。

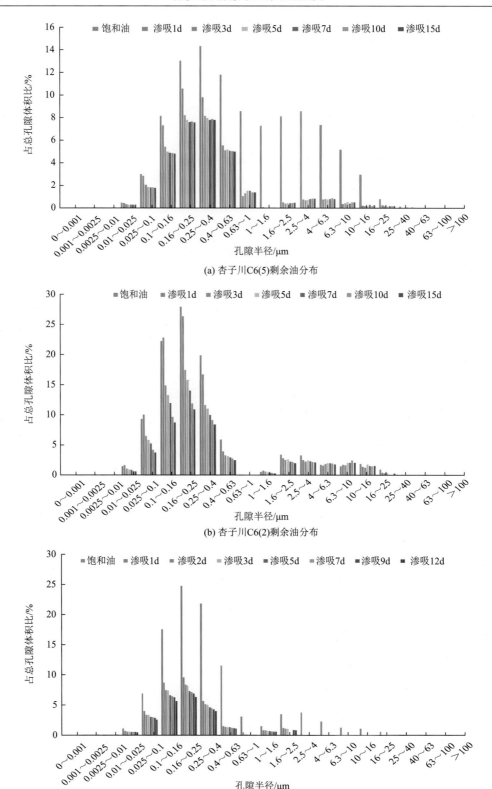

(a) 杏子川C6(5)剩余油分布

(b) 杏子川C6(2)剩余油分布

(c) 定3C6(4)剩余油分布

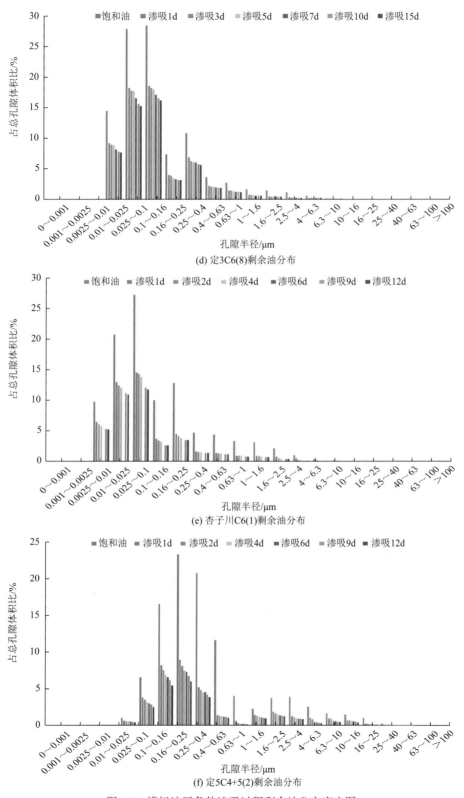

(d) 定3C6(8)剩余油分布

(e) 杏子川C6(1)剩余油分布

(f) 定5C4+5(2)剩余油分布

图 4.6 模拟地层条件渗吸过程剩余油分布直方图

（2）图 4.7 为地层条件裂缝样渗吸实验的 3 组实验结果。

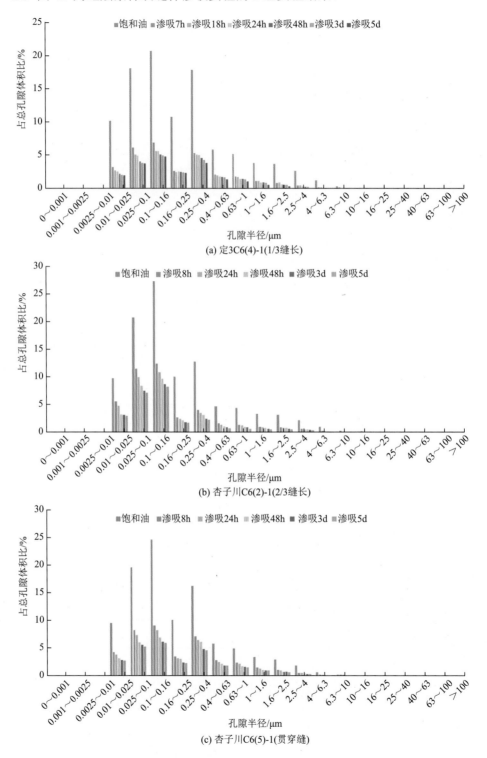

(a) 定3C6(4)-1(1/3缝长)

(b) 杏子川C6(2)-1(2/3缝长)

(c) 杏子川C6(5)-1(贯穿缝)

图 4.7　模拟地层条件裂缝样渗吸过程剩余油分布直方图

（3）图 4.8 为常规渗吸实验的 1 组实验结果。

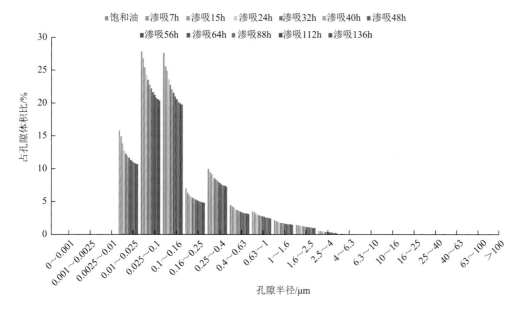

图 4.8　常温常压渗吸过程剩余油分布直方图

（4）图 4.9 为高压脉冲压渗吸实验的 1 组实验结果。

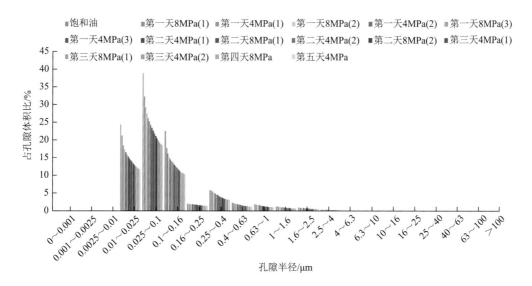

图 4.9　高压脉冲压渗吸过程剩余油分布直方图

由上述实验剩余油分布图可知，大孔隙中的油全部被渗吸出来，大部分小孔隙中的油也被渗吸动用出来，且在渗吸早期，大、小孔隙中的大部分油已经被渗吸驱替出来，渗吸中后期各孔隙中的剩余油饱和度变化趋缓直至稳定不变。

4.5.3　剩余油饱和度变化和渗吸效率

此外，基于上述核磁共振 T_2 谱图和剩余油分布直方图，进一步计算绘制出岩心在渗吸过程中的含油饱和度变化曲线和渗吸驱油效率曲线。

（1）模拟地层条件渗吸效率如图 4.10 所示。

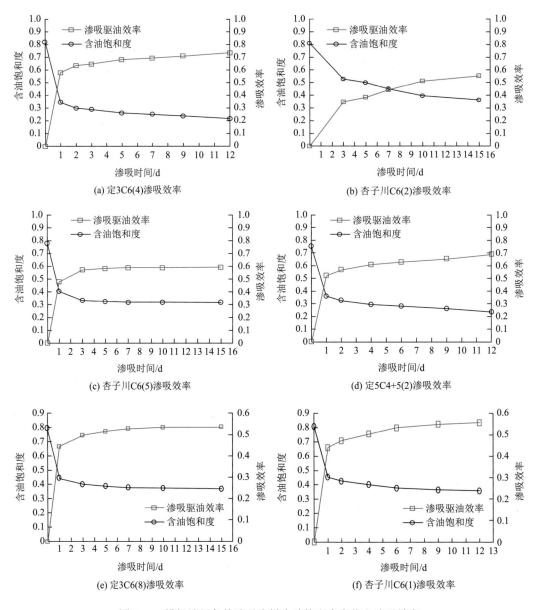

图 4.10　模拟地层条件渗吸岩样含油饱和度变化和渗吸效率

（2）常温常压条件渗吸效率如图 4.11 所示。

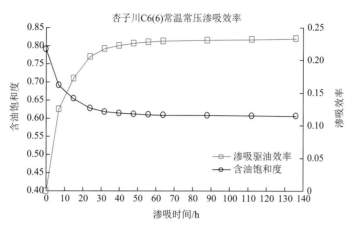

图 4.11　常温常压渗吸岩样含油饱和度变化和渗吸效率

（3）高压脉冲压条件渗吸效率如图 4.12 所示。

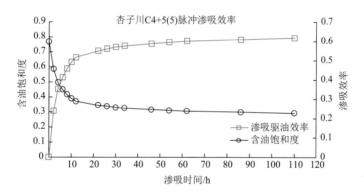

图 4.12　高压脉冲压渗吸岩样含油饱和度变化和渗吸效率

（4）模拟地层条件渗吸裂缝样渗吸效率如图 4.13 所示。

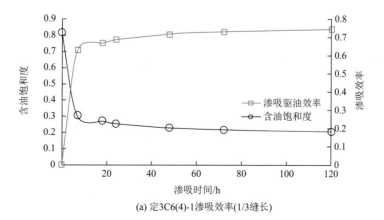

(a) 定3C6(4)-1渗吸效率(1/3缝长)

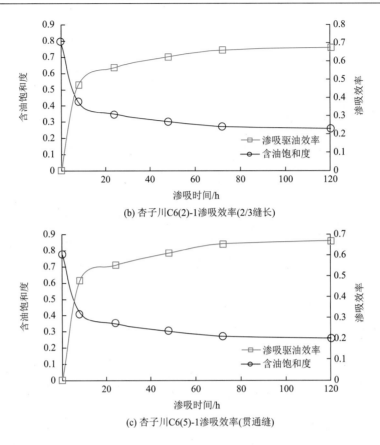

(b) 杏子川C6(2)-1渗吸效率(2/3缝长)

(c) 杏子川C6(5)-1渗吸效率(贯通缝)

图 4.13　模拟地层条件渗吸裂缝岩样含油饱和度变化和渗吸效率

4.6　模拟地层条件渗吸实验结果分析

4.6.1　累计采收率分析

对岩样定 5C4+5(2)、杏子川 C6(5)和定 3C6(4)这三块样品的渗吸累计采收率进行分析。由图 4.14 可见，渗吸早期渗吸速度非常快，采收率迅速增加，随着渗吸进行，渗吸速度逐渐减小至零，累计采收率增幅减缓。

4.6.2　微观孔喉结构分析

结合上述三个样品的微观孔喉结构特征，分析岩样微观孔喉结构特征参数对渗吸效率的影响，三个样品的微观孔喉结构特征参数列于表 4.2 所示。

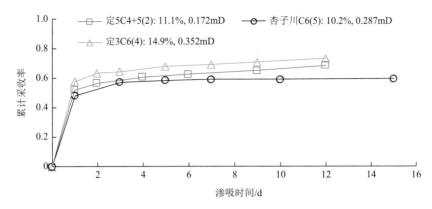

图 4.14　不同孔渗特性样品的累计采收率变化规律

表 4.2　三个样品微观孔喉结构特征参数

样品	孔隙度/%	渗透率/mD	累计采收率	主流喉道半径/μm	平均喉道半径/μm	相对分选系数	平均孔隙半径/μm	平均孔喉比	初始含水饱和度/%
定 3C6(4)	14.9	0.352	0.734	0.123	1.198	0.271	182.923	152.579	18
定 5C4+5(2)	11.1	0.172	0.687	0.123	1.217	0.304	177.004	145.428	25
杏子川 C6(5)	10.2	0.287	0.593	4.298	1.046	0.366	175.016	183.164	22

由表 4.2 这三个样品的微观孔喉结构特征参数，结合图 4.14 可知，主流喉道半径小、平均喉道半径大、相对分选系数小、平均孔隙半径大、平均孔喉比小、初始含水饱和度小，这些因素趋势下，渗吸效率相对较高；孔隙度大、渗吸效率高；渗透率高，渗吸效率高。

4.6.3　目标区块常规渗吸效率

本书未约定常规渗吸实验，但为了进一步研究分析的需要，开展了一组常规渗吸实验，并与前期开展的 6 组常规渗吸实验结果相比较，同时与延长油田其他区块的常规渗吸实验相比较，其中本实验常温常压渗吸效率曲线如图 4.15 所示，前期开展的 6 组常规渗吸效率曲线如图 4.16 所示，其他区块常规渗吸效率曲线如图 4.17 所示。由图 4.15 与图 4.16 可知，常温常压渗吸主要发生在早期（20h 内），将小孔隙中大部分油置换出来，渗吸速度快，渗吸早期完成含油饱和度 50%以上采收率，本实验最终渗吸驱油效率为 23%，其他实验渗吸驱油效率为 5%～27%。

将图 4.15～图 4.17 相比较，将本区块与其他区块常温常压渗吸效率相比较，可知延长油田储层岩石渗流规律均表现出受渗吸作用不同程度的影响，且渗吸作用主要发生在渗吸早期，但渗吸稳产时间短、渗吸产油量下降快，本区块渗吸驱油效率为 5%～27%，其他区块渗吸驱油效率为 3%～16%，可见本区块受渗吸作用的影响较大。

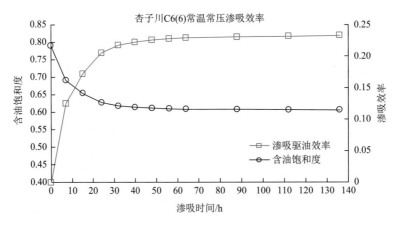

图 4.15　本实验常规渗吸效率曲线

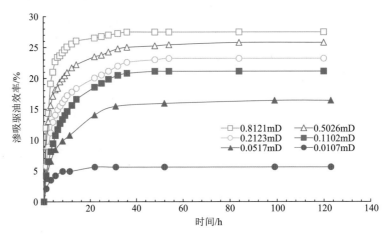

图 4.16　前期常规渗吸效率曲线

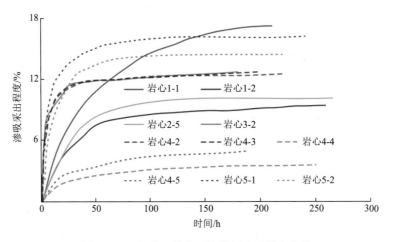

图 4.17　延长油田其他区块常规渗吸效率曲线

4.6.4　模拟地层条件渗吸与常温常压渗吸对比

将上述基质样品的模拟地层条件渗吸实验的渗吸效率统计绘制为如图 4.18 所示，并与上述本区块常温常压渗吸实验的渗吸效率（图 4.16）相比较。因此，将图 4.18 和图 4.16 相比较可知，渗吸作用均主要发生在早期（24h），渗吸速度最快，渗吸早期完成最终渗吸采收率的 50%以上，渗吸中后期渗吸采收率变化趋缓，但常温常压渗吸早期仅发生渗吸作用，约置换出 5%～27%的油，而高温高压渗吸早期不仅发生渗吸作用，还同时发生带压驱替作用，最终渗吸驱油效率为 53%～73%，远远高于常规渗吸。

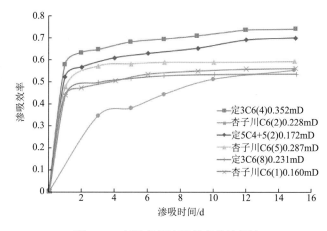

图 4.18　高温高压渗吸效率统计规律

由物性特征相近的岩样模拟地质条件渗吸 T_2 谱和常温常压渗吸 T_2 谱，如图 4.19（a）和图 4.19（b）所示，可见模拟地质条件渗吸早期同时置换出大、小孔隙中大部分油，常温常压渗吸早期主要置换小孔隙油，高温高压渗吸早期由于同时存在带压驱替作用，使渗吸速度远高于常温常压。可见渗吸主要置换小孔隙油，带压驱替主要置换大孔隙油，高温高压渗吸能大大提高低渗-特低渗储层大、小孔隙驱油效率。

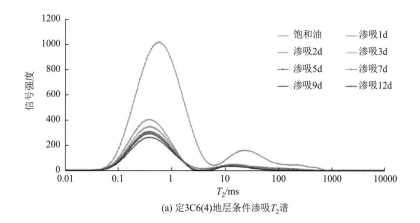

(a) 定3C6(4)地层条件渗吸T_2谱

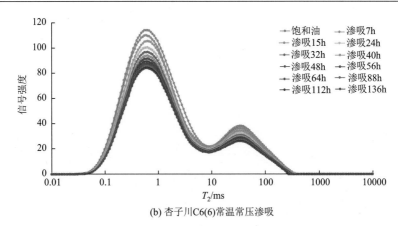

(b) 杏子川C6(6)常温常压渗吸

图 4.19　高温高压渗吸 T_2 谱和常温常压渗吸 T_2 谱变化特征

再将模拟地质条件渗吸效率曲线的图 4.10（a）和常温常压渗吸效率曲线的图 4.15 相比较，可知高温高压渗吸效率达 73%，远高于常温常压渗吸约 23%；两种情况渗吸早期需时约 24h，高温高压早期渗吸速度远高于常温常压；常温常压渗吸中后期几乎无产能，约为 3%，高温高压渗吸中后期仍有一定产能，约为 15%。可见本实验渗吸效率为 23%，带压驱替效率约为 50%。

4.6.5　恒定高压渗吸与循环脉冲压渗吸对比

由物性特征相近的岩样模拟地质条件渗吸 T_2 谱图 4.2（f）和循环脉冲压渗吸 T_2 谱图 4.4 相比较，可知高温高压与循环脉冲压渗吸规律与特征接近，渗吸作用主要发生在早期，均可置换出大部分大、小孔隙中的油，渗吸早期渗吸速度最快，渗吸中后期剩余油饱和度变化甚微，最终渗吸采收率及渗吸效果一致。

再将这两个岩样的渗吸效率曲线图 4.10（f）和图 4.12 相比较，可知高温高压与循环脉冲压渗吸效率及含油饱和度变化特征一致，最终渗吸效率分别为 58% 和 62%，从循环脉冲压渗吸曲线可知，在部分早期渗吸效率发生在加压的瞬间，此外，压力大小对最终渗吸效率影响不大。

4.6.6　基质渗吸与裂缝渗吸对比

1. 1/3 缝长

对岩样定 3C6(4) 开展了模拟地质条件基质渗吸实验和裂缝渗吸实验，在该样品完成基质渗吸实验之后，又进行人工造缝，该样品造缝深度为总长度的 1/3，这两个对比实验结果的 T_2 谱图如图 4.20（a）和图 4.20（b）所示，将图 4.20（a）和图 4.20（b）比较可知基质渗吸与含缝渗吸规律一致，渗吸＋带压驱替作用主要发生在早期（24h 内），渗吸置换小孔隙油，带压驱替置换大孔隙油，且裂缝渗吸早期渗吸速度更快、稳产时间更短。基质最终渗吸效率为 73%，1/3 缝长最终渗吸效率为 75%（含带压驱替）。

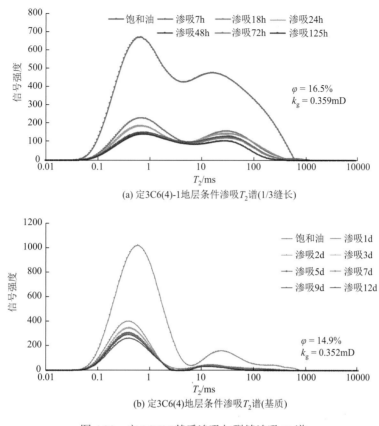

(a) 定3C6(4)-1地层条件渗吸T_2谱(1/3缝长)

(b) 定3C6(4)地层条件渗吸T_2谱(基质)

图 4.20　定 3C6(4)基质渗吸与裂缝渗吸 T_2 谱

2. 2/3 缝长

对岩样杏子川 C6（2）开展了模拟地质条件基质渗吸实验和裂缝渗吸实验，在该样品完成基质渗吸实验之后，又进行人工造缝，该样品造缝深度为总长度的 2/3，这两个对比实验结果的 T_2 谱图如图 4.21 所示基质渗吸与含缝渗吸规律一致，渗吸＋带压驱替作用

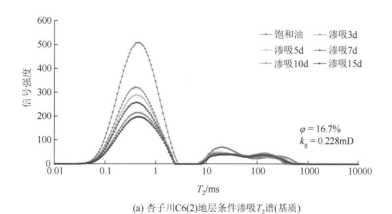

(a) 杏子川C6(2)地层条件渗吸T_2谱(基质)

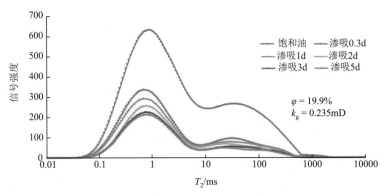

(b) 杏子川C6(2)-1地层条件渗吸T_2谱(2/3缝长)

图 4.21　杏子川 C6(2)基质渗吸与裂缝渗吸 T_2 谱

主要发生在早期（24h 内），渗吸置换小孔隙油，带压驱替置换大孔隙油，且裂缝渗吸早期渗吸速度更快、稳产时间更短。基质最终渗吸效率为 55%，2/3 缝长最终渗吸效率为 62.5%（含带压驱替）。

3. 贯通缝

对岩样杏子川 C6(5)开展了模拟地层条件下基质渗吸实验和裂缝渗吸实验，在该样品完成基质渗吸实验之后，又进行人工造缝，该样品造缝深度贯穿整个岩样，这两个对比实验结果的 T_2 谱图如图 4.22 所示，基质渗吸与含缝渗吸规律一致，渗吸＋带压驱替作用主要发生在早期（24h 内），渗吸置换小孔隙油，带压驱替置换大孔隙油，且裂缝渗吸早期渗吸速度更快、稳产时间更短。基质最终渗吸效率为 59%，贯通缝最终渗吸效率为 70%（含带压驱替）。

再对这三个样品的基质渗吸和裂缝渗吸效率进行比较，如图 4.23 所示，1/3 缝长最终渗吸效率提高 2 个百分点，2/3 缝长提高 7 个百分点，贯通缝提高 11 百分点，含裂缝渗吸效率均比基质渗吸效率高，且随缝长越长，渗吸效率提高越多，主要因为渗吸接触面积（波及体积）增加。

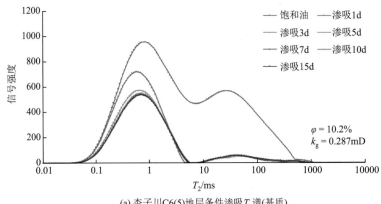

(a) 杏子川C6(5)地层条件渗吸T_2谱(基质)

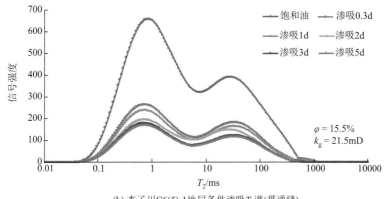

(b) 杏子川C6(5)-1地层条件渗吸T_2谱(贯通缝)

图 4.22　杏子川 C6(5)基质渗吸与裂缝渗吸 T_2 谱

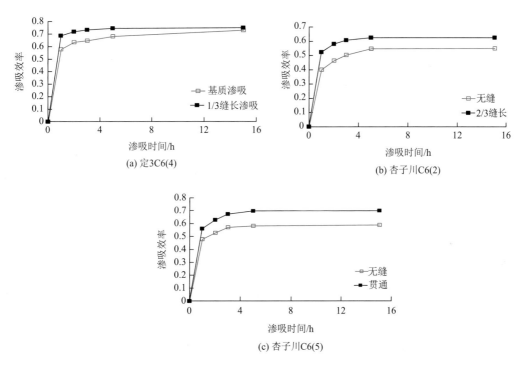

(a) 定3C6(4)

(b) 杏子川C6(2)

(c) 杏子川C6(5)

图 4.23　基质渗吸和裂缝渗吸效率对比图

第5章 杏子川长6储层高温高压渗吸前后 CT扫描实验

选取4组岩样开展模拟地层条件下的自发渗吸实验，并对岩样在渗吸前和渗吸早期完成后开展X射线CT扫描实验，发现小孔隙中油主要由渗吸作用带出，大孔隙中油主要由带压驱替出，且大孔隙中油大部分被置换出来，少部分被卡断成无数个小油滴，卡断油滴主要以多个小油滴分散状态或小油滴结合成较大油滴状态存在于相邻孔隙中。

本实验基于实验室MicroXCT-400扫描仪，选取4组岩样开展地层条件渗吸前后微CT扫描实验，首先构建样品的数字岩心，然后进一步分析岩心微观孔喉结构特征，最后观察渗吸后油、水在孔喉中的分布位置、分布状态、分布特征及规律。

本实验研究难点在于样品孔渗性能较低，孔喉较细小，如何提高分辨精度及如何精确定位渗吸前后样品的参照点。

本实验研究内容为所选2块高孔渗、1块中孔渗、1块低孔渗样品的初始CT扫描，构建样品数字岩心结构；上述4块样品渗吸实验完成后再次进行CT扫描，对比分析油水分布状态。

5.1 样品基础物性

选取本区块4组岩心开展高温高压渗吸前后CT扫描实验，这4组岩心的基础物性特征列于表5.1。由表5.1可知，该组岩心孔隙度为10.2%～12.7%，气体渗透率为0.184～0.805mD，基础物性接近。

表5.1 高温高压渗吸前后CT扫描实验岩心基础物性参数

岩心编号	长度/cm	直径/cm	干重/g	孔隙度/%	气体渗透率/mD	孔隙体积/cm³	体积密度/(g/cm³)
杏子川 C4+5(3)	0.6	0.6	0.393	12.6	0.762	0.021	2.31
杏子川 C6(5)	0.6	0.6	0.398	10.2	0.287	0.017	2.34
杏子川 C4+5(1)	0.6	0.6	0.397	12.7	0.805	0.022	2.33
定 5C4+5(4)	0.6	0.6	0.405	10.7	0.184	0.018	2.39

5.2　CT 扫描实验装置及步骤

5.2.1　实验装置

实验装置采用的是实验室 MicroXCT-400 Series 仪器，如图 5.1 所示。

图 5.1　MicroXCT-400 Series 扫描仪

5.2.2　实验条件

模拟地层条件（温度 50℃，压力 10MPa）自发渗吸，渗吸介质为盐水（加造影剂——碘代正丁烷）。

5.2.3　实验步骤

（1）样品固定在样品台上，且样品、X 射线源和探测器之间相对位置可灵活调整；

（2）旋转样品台，保证样品与探测器保持适宜距离；

（3）选择适宜岩样尺寸的物镜；

（4）先用低倍目镜如 4× 取像，选择样品目标区域，位于目镜视域中心；

（5）再选用适宜目镜如 10× 拍摄，找到研究区域并进行精准定位；

（6）设置工作参数，自动获取不同角度投射图像，进行图像重构；

（7）针对射线硬化问题进行后期处理；

（8）运行 XMReconstructor 进行图像三维重构。

5.3　CT 扫描实验结果

对上述 4 个样品分别进行了 3 次 CT 扫描, 第一次扫描干岩样, 第二次扫描饱和油的岩样, 第三次扫描渗吸早期完成后的岩样, 这 4 个样品的 CT 扫描结果如图 5.2～图 5.5 所示。每个图分别绘制了 3 幅小图, 分别表示渗吸前后孔隙中油的分布状态、渗吸前后大小油滴的数量变化及渗吸后油水在岩心孔隙空间中的赋存特征数字岩心图。

（1）杏子川 C4+5(3)μ-CT 扫描实验结果如图 5.2 所示。

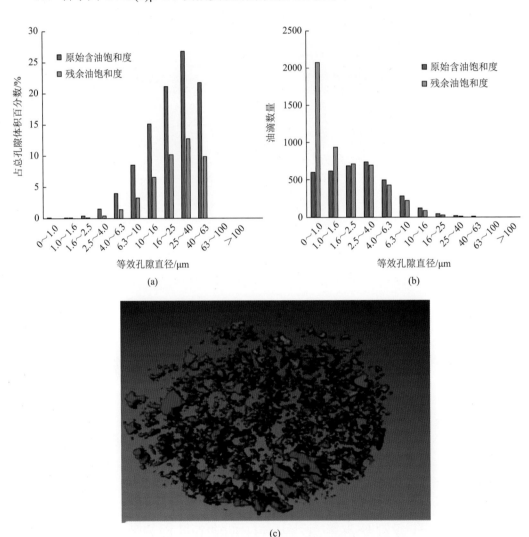

图 5.2　杏子川 C4+5(3)渗吸前后油水分布特征变化

（2）杏子川 C4+5(1)μ-CT 扫描实验结果如图 5.3 所示。

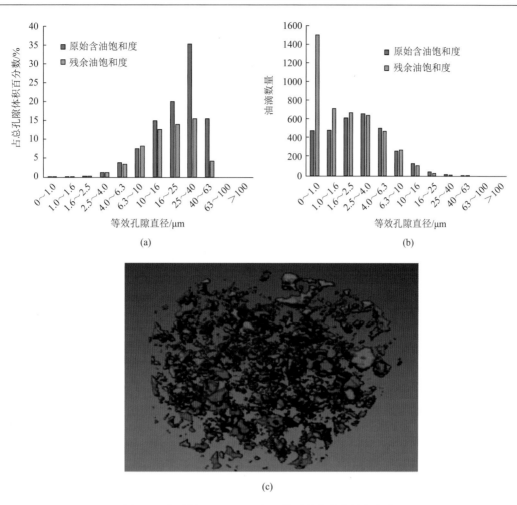

图 5.3　杏子川 C4+5（1）渗吸前后油水分布特征变化

（3）定 5C4+5(4)μ-CT 扫描实验结果如图 5.4 所示。

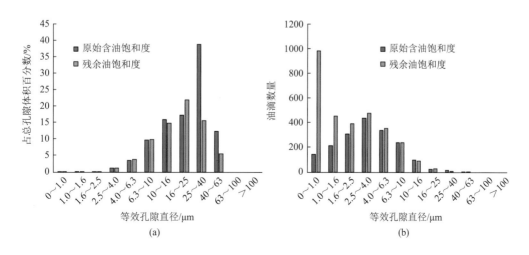

(c)

图 5.4　定 5C4+5（4）渗吸前后油水分布特征变化

（4）杏子川 C6(5)μ-CT 扫描实验结果如图 5.5 所示。

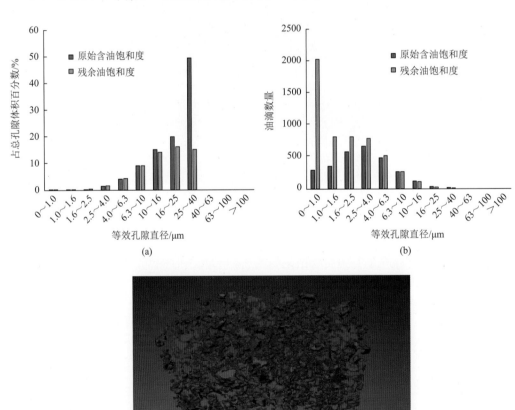

(c)

图 5.5　杏子川 C6(5)渗吸前后油水分布特征变化

5.4　CT 扫描实验结果分析

由上述 4 个样品渗吸前后的 CT 扫描实验结果可再截取剩余油赋存状态三向平面图，如图 5.6 和图 5.7 所示，图 5.6 的局部放大图如图 5.8 所示，由图 5.6～图 5.8 可知，渗吸液经小孔喉、大毛管进入孔隙，并将孔隙中原有的油从大孔喉中驱替走，在这个过程中，油滴经过喉道多发生卡断现象，将大油滴卡断成无数个小油滴，这些小油滴有的分散在孔隙中，被渗吸液包裹着，有的又凝结成较大油滴与渗吸液共同占据着孔隙空间。此外，由上述渗吸前后岩样孔隙中油的饱和度变化直方图和大小油滴数量变化图（图 5.9），亦可看出大孔隙中的油滴大部分经由带压渗吸被置换出来，仍有部分大孔隙油滴被卡断成更多的小油滴，造成较小油滴数量较渗吸前有所增加，尤其 1μm 及以下小油滴数量增加了上千倍。

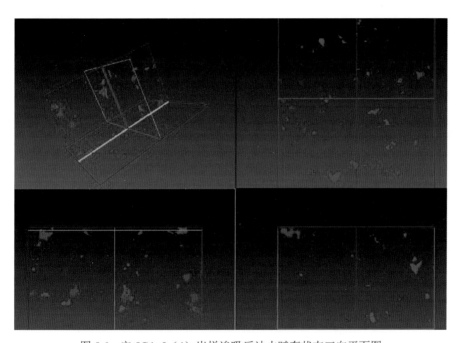

图 5.6　定 5C4+5（4）岩样渗吸后油水赋存状态三向平面图

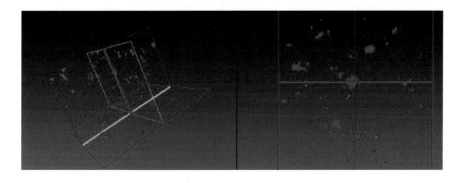

图 5.7　杏子川 C6(5)岩样渗吸后油水赋存状态三向平面图

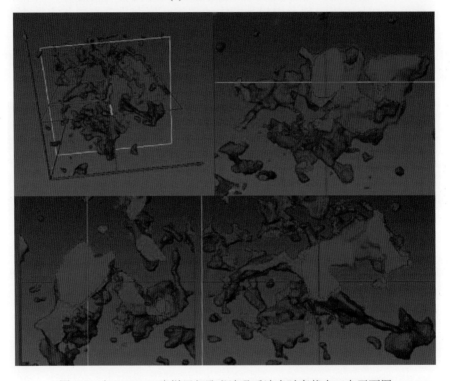

图 5.8　定 5C4+5(4)岩样局部孔喉渗吸后油水赋存状态三向平面图

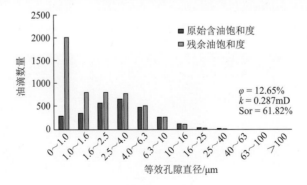

图 5.9　杏子川 C6(5)岩样渗吸前后孔隙中大小油滴数量变化图

Sor：剩余油饱和度

渗吸后剩余油滴在孔隙中的赋存状态示意图如图 5.10 所示，油滴由大孔隙被置换出经由小喉道卡断的示意图如图 5.11 所示。

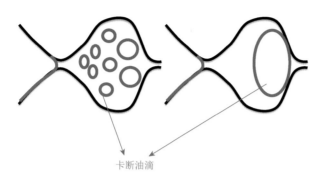

图 5.10　渗吸后孔隙中油滴赋存状态示意图

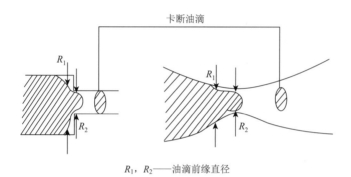

R_1，R_2——油滴前缘直径

图 5.11　渗吸过程孔隙中油滴经喉道卡断现象示意图

第6章 杏子川长6储层核磁共振水驱油实验

本实验通过完成 12 样次核磁共振条件下水驱油实验，分析微观孔喉结参数与驱油效率之间的关系，实时监测驱替过程中油水流动特征及规律，分析驱替完成后油水饱和度分布特征及规律。

本实验研究难点为样品孔渗较低，驱替压力较高，驱替速度缓慢；如何进一步提高微小孔喉中流体饱和度计量精度；超低渗样品如何准确建立束缚水饱和度。

本实验研究内容为 12 个样品初始完全饱和水 T_2 谱；12 个样品水驱油过程 T_2 谱变化规律；驱替过程油、水分布状态变化规律；12 个样品的驱替效率；微观孔喉结构特征与驱替效率之间的关系。

6.1 样品基础物性

（1）岩样：本实验对取自杏子川油区 12 块长度为 5cm、直径为 2.4cm 的岩心进行核磁共振实验。据常规孔隙度、渗透率测量结果如表 6.1 所示。由表 6.1 可知，该组岩心孔隙度为 9.8%～17.7%，渗透率为 0.125～0.762mD，基础物性接近。

表 6.1 杏子川样品物性数据表

岩心编号	孔隙度/%	气体渗透率 /mD	驱替速度 /(mL/min)	孔隙体积 /cm³	总体积/cm³	体积密度 /(g/cm³)
定 3C6(1)	16.9	0.505	0.020	3.82	22.58	2.27
定 3C6(2)	16.4	0.369	0.015	3.75	22.84	2.25
定 3C6(5)	17.7	0.236	0.015	4.00	22.62	2.34
定 3C6(6)	14.2	0.270	0.020	3.22	22.65	2.31
定 3C6(7)	14.8	0.230	0.008	3.35	22.67	2.31
定 3C6(10)	16.3	0.328	0.010	3.69	22.63	2.26
定 5C4+5(1)	11.0	0.174	0.010	2.50	22.70	2.40
定 5C4+5(3)	11.0	0.166	0.008	2.49	22.68	2.40
杏子川 C4+5(3)	12.6	0.762	0.008	2.84	22.57	2.31
杏子川 C6(4)	9.8	0.228	0.010	2.22	22.67	2.35
杏子川 C6(8)	11.1	0.098	0.015	2.52	22.67	2.46
杏子川 C6(123)	15.3	0.125	0.020	3.46	22.61	2.42

（2）实验流体：模拟地层水（矿化度为 250g/L 的氯化锰溶液）、工业白油（40～50mPa·s）。

（3）其他装置：核磁系统专用的岩心夹持器、中间容器、量筒、天平（精度 0.001g）、秒表（精度 0.01s）及温度计（精度 0.2℃）。

6.2　核磁共振可动流体实验原理与方法

当含有油、水的岩样处在均匀分布的静磁场中时，流体中所含的氢核（^1H）就会被磁场极化，产生一个磁化矢量。此时若对样品施加一定频率的射频场，就会产生核磁共振。撤掉射频场，可以接收到氢核在孔隙中做弛豫运动幅度随时间以指数函数衰减的信号。纵向弛豫时间 T_1 和横向弛豫时间 T_2 两个参数可以用来描述核磁共振信号衰减的速度。因 T_2 测量速度快，在核磁共振测量中，多采用 T_2 测量法。氢核在孔隙中做横向弛豫运动时会与孔隙壁产生碰撞，碰撞过程造成氢核的能量损失，使氢核从高能级跃迁到低能级。碰撞越频繁，氢核的能量损失越快，也就加快了氢核的横向弛豫过程。孔隙的大小决定了氢核与孔隙壁碰撞的次数。孔隙越小，氢核横向弛豫中与孔隙壁碰撞的概率越大。由此得出孔隙大小与氢核弛豫率呈反比关系，这就是应用核磁共振谱（T_2 谱）研究岩石孔隙结构的理论基础，即

$$\frac{1}{T_2} = \rho \frac{S}{V} \tag{6.1}$$

式中，T_2 ——一个孔道内流体的核磁共振 T_2 弛豫时间；

ρ ——岩石表面弛豫强度常数；

S/V——孔隙的比面。

T_2 反映岩石孔隙内比面的大小，与孔隙半径成正比。储层岩石多孔介质是由大小不同的孔隙组成，存在多种指数衰减信号，总的核磁弛豫信号 $S(t)$ 是不同大小孔隙核磁弛豫信号的叠加：

$$S(t) = \sum A_i \exp(-t / T_{2i}) \tag{6.2}$$

式中，T_{2i} ——第 i 类孔隙的 T_2 弛豫时间；

A_i ——弛豫时间为 T_{2i} 的孔隙所占比例，对应于岩石多孔介质的孔隙比面（S/V）或孔隙半径（r）的分布比例。

在获取 T_2 衰减信号叠加曲线后，反演计算出不同弛豫时间（T_2）的流体所占的份额，即所谓的 T_2 弛豫时间谱。

6.2.1　T_2 谱孔隙度表征

在 T_2 弛豫时间谱（T_2 谱）上，T_2 弛豫时间较长的流体存在于较大的孔隙中，弛豫时间较短的流体存在于较小的孔隙中。T_2 谱的油层物理学含义为岩心中不同大小孔隙占总孔隙的比例。

弛豫时间谱积分面积与岩心中所含流体的量成正比，只要对 T_2 谱进行适当刻度，即可获得岩心的核磁孔隙度[103-110]。

6.2.2　T_2 谱渗透率表征

T_2 谱代表了储层岩石孔隙半径的分布，而储层岩石渗透率又与孔喉有一定的关系。因此，可以从 T_2 谱中计算出储层岩石渗透率。

6.2.3　T_2 谱可动流体与束缚流体表征

流体在岩石中的分布存在一个弛豫时间界限，大于这个界限，流体处于自由状态，即为可动流体小于这个界限，孔隙中的流体被毛管力或黏滞力所束缚，处于束缚状态，为束缚流体。不同储层其弛豫时间界限（也称可动流体 T_2 截止值不同）。

从油层物理的角度讲，可动流体饱和度（S_m）是指孔径大于截止孔径的孔隙体积占岩样总孔隙体积的百分数（可动流体饱和度与裂缝孔隙度密切相关）。可动流体饱和度可以用来表征储层的可动资源量。可动油百分数是指充有原油的孔隙体积中大于截止孔径的孔隙体积占总原油孔隙体积的百分数。可动流体孔隙度（φ_m）是指孔径大于截止孔径的孔隙体积占岩样总体积的百分数，即单位体积岩样内的可动流体量。可动流体可将岩样内所有孔隙划分为流体可流动孔隙体积与流体不可流动孔隙体积。可动流体孔隙度在数值上等于可动流体饱和度与孔隙度的乘积。

6.2.4　T_2 谱孔隙半径分布表征

球形孔隙模型比面 $S/V = 3/r$；管束状孔隙模型比面 $S/V = r/2$。其中，r 为球面半径或孔隙半径。T_2 谱实际上反映了岩石孔隙半径的分布情况。

当流体（如油或水）饱和到岩样孔隙内后，流体分子会受到孔隙固体表面的作用力，作用力的大小取决于孔隙（孔隙大小、孔隙形态）、矿物（矿物成分、矿物表面性质）和流体（流体类型、流体黏度）等。对饱和流体（水或油）的岩样进行核磁共振 T_2 测量时，得到的 T_2 弛豫时间大小取决于流体分子受到孔隙表面作用力的强弱。T_2 弛豫时间的大小是孔隙（孔隙大小、孔隙形态）、矿物（矿物成分、矿物表面性质）和流体（流体类型、流体黏度）等的综合反映。

利用核磁共振 T_2 谱可对岩样孔隙内流体的赋存状态进行分析，可对岩样内的可动流体和可动油进行分析。饱和地层水或模拟地层水状态下岩样的核磁共振 T_2 谱可用于可动流体分析。饱和油束缚水状态下的油相 T_2 谱可用于可动油分析。由于 T_2 弛豫时间的大小取决于孔隙（孔隙大小、孔隙形态）、矿物（矿物成分、矿物表面性质）和流体（流体类型、流体黏度）等，因此岩样内可动流体和可动油含量的高低就是孔隙大小、孔隙形态、矿物成分、矿物表面性质等多个变量的函数。由于孔隙大小、孔隙形态、矿物成分、矿物表面性质等与储层的质量和开发潜力密切相关，因此可动流体和可动油是储层评价尤其是低渗透储层评价的两个重要参数。目前，核磁共振可动流体评价技术已经在低渗透油气储层质量和开发潜力研究中得到了广泛应用。另外，根据可动流体和可动油的油层物理意义，这两项参数也可用于油、气储层的储量和可采储量的计算中，可动流体饱和度是初始含油饱和度（油层）或初始含气饱和度（气层）的上限。可动油占比是油层驱油效率的上限。

6.3　核磁共振水驱油实验装置及步骤

6.3.1　实验装置

本次实验采用纽迈电子科技公司的 MacroMR12-150H-I 型核磁共振测试仪（图 6.1）进行测试，磁体温度控制在 31.99～32.01℃，共振频率为 8.5～12.8MHz，磁体强度为 0.25T±50mT，磁极直径为 590mm，磁极间隙为 264mm。

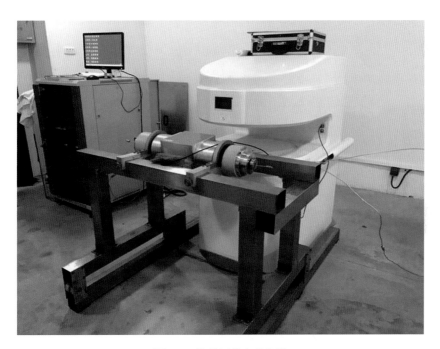

图 6.1　核磁驱替实验仪器

6.3.2　实验步骤

（1）将标准油样放入磁体腔内，调整核磁共振仪器参数，进行中心频率矫正，确定脉宽、中心频率等参数。

（2）岩心抽真空后加压饱和蒸馏水，放置在仪器中进行核磁共振 T_2 测试，并反演出 T_2 弛豫时间谱。

（3）用矿化度为 250000×10^{-6} 的 $MnCl_2$ 溶液驱替岩心中的蒸馏水并进行核磁共振 T_2 测试，观察是否能检测到信号；

（4）注入原油以 0.01mL/min 驱替，建立束缚水饱和度，进行核磁共振 T_2 测试，观察信号强度；

（5）注入矿化度为 250000×10^{-6} 的 $MnCl_2$ 溶液以 0.008mL/min、0.01mL/min、0.015mL/min、0.02mL/min 驱替 12 组块岩样。累计注入量为 4.0PV（PV 为孔隙体积倍数单位），进行岩心水驱油后剩余油状态下的核磁共振 T_2 谱测试，并反演出 T_2 弛豫时间谱。

6.4 岩样核磁共振参数测量

6.4.1 测前准备

（1）打开仪器电源，按照仪器要求设定磁体控制温度，并使探头和磁体保持恒温。

（2）仪器预热 16h 以上。

（3）打开计算机，进入测量控制软件。

（4）将标准水样、油样、标准样、待测岩样放入恒温箱中，温度为磁体工作温度（32℃），恒温 6h 以上。岩样完全饱和时，应将样品及饱和液放入密闭玻璃容器中，整体放入恒温恒湿箱中保存；岩样脱水后，应将岩样置于底部盛有饱和溶液的密闭玻璃容器中，整体放入恒温恒湿箱中待用。

6.4.2 测量参数的选取及确定原则

测量参数包括系统参数和采集参数。

（1）系统参数主要包括：

①核磁共振频率偏移值，偏移值不得超过额定频率的 2%；

②90℃脉冲宽度；

③180℃脉冲宽度；

④仪器接收增益，在信号不失真的条件下，增益应尽可能得大；

⑤仪器要求的其他特定参数。

（2）采集参数包括：

①回波间隔；

②等待时间；

③采集回波个数；

④采集扫描次数。

（3）采集参数选取原则：

①指导现场测井、满足地质解释需要；

②满足研究目的、符合用户需求；

③最大限度获取样品信息。

6.4.3　测前刻度

将配置的饱和溶液 25～30mL、油样（无水煤油）25～30mL、标准水样 1（蒸馏水）、标准水样 2（0.5%CuSO₄ 溶液）、陶瓷标样（饱和水或 0.5%CuSO₄ 溶液）放入恒温箱中恒温保持 6h 以上。

设定测量参数，对上述样品进行测量，将测量结果与标准谱进行对比，确定测量仪器的稳定性和确定性。测完后，将所测样品放入恒温恒湿箱中密闭保存。

6.4.4　岩样测量

（1）将准备好的待测岩样用不含氢的非磁性容器（如玻璃试管）装好，放入测量腔（岩心室或样品室）。

（2）根据测量内容，选择相应的脉冲序列（对 MARAN 类型仪器；测量 T_1 选用 INVERC 脉冲序列；测量 T_2 选用 CPMG 脉冲序列；扩散测量选用 DIFFA 脉冲序列）。

（3）设置测量系统参数和采集参数，确认当前参数准确无误后，开始测量。

6.4.5　测量结果

测量完成后，将测量结果保存，可在测量数据中读取。

6.4.6　测后检验

用于检验测量前后仪器的稳定性，确定测量结果的可靠性。将恒温恒湿保存的饱和溶液、无水煤油及标准样品进行测量，将所得到的测量结果与 6.4.3 节中的测量结果及标准谱进行对比，如果谱的峰值位置和面积与 6.4.3 节中的测量结果或标准谱的相对不确定度低于 5%，则所得到的岩样测量结果可靠。否则，查明原因并重新测量。

6.5　核磁共振水驱油实验结果

6.5.1　水驱油 T_2 谱

以下为 12 块样品的水驱油 T_2 谱，如图 6.2～图 6.13 所示。

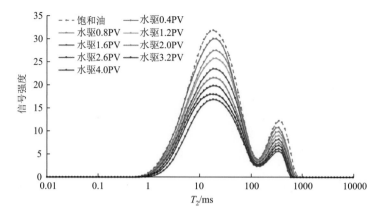

图 6.2　定 3C6(1)水驱油 T_2 谱（0.02mL/min）

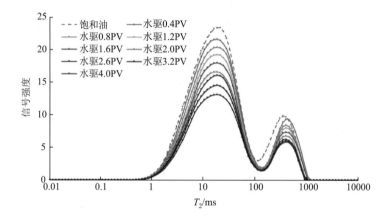

图 6.3　定 3C6(2)水驱油 T_2 谱（0.015mL/min）

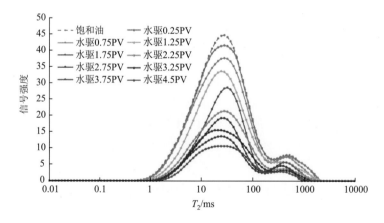

图 6.4　定 3C6(6)水驱油 T_2 谱（0.02mL/min）

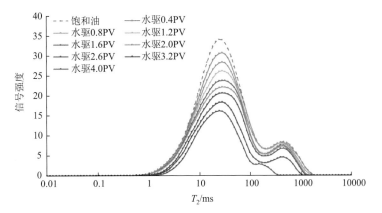

图 6.5　杏子川 C4+5(3)水驱油 T_2 谱（0.008mL/min）

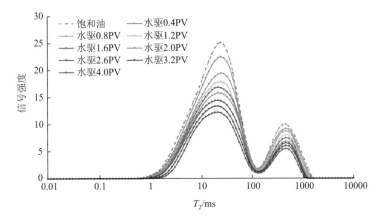

图 6.6　定 3C6(10)水驱油 T_2 谱（0.01mL/min）

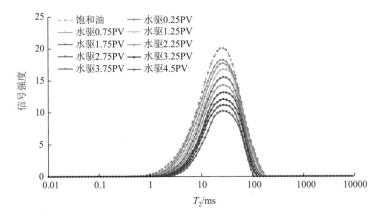

图 6.7　定 3C6(7)水驱油 T_2 谱（0.005mL/min）

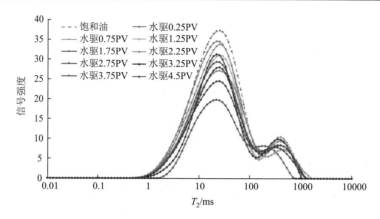

图 6.8　杏子川 C6(4)水驱油 T_2 谱（0.01mL/min）

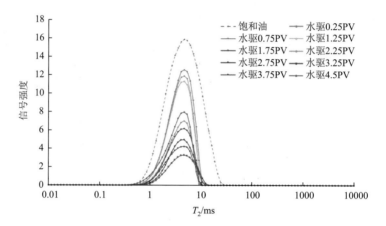

图 6.9　定 3C6(5)水驱油 T_2 谱（0.02mL/min）

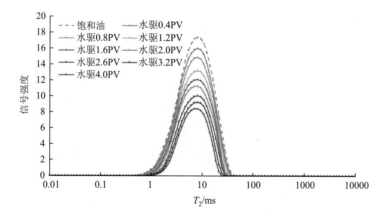

图 6.10　杏子川 C6(123)水驱油 T_2 谱（0.02mL/min）

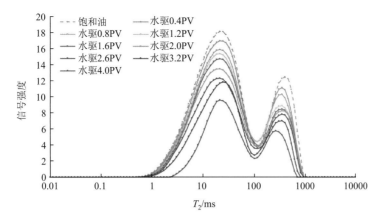

图 6.11　定 5C4+5(1)水驱油 T_2 谱（0.01mL/min）

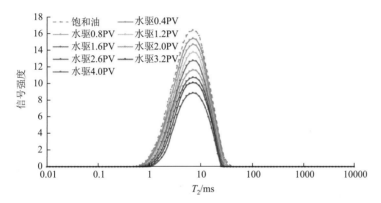

图 6.12　杏子川 C6(8)水驱油 T_2 谱（0.015mL/min）

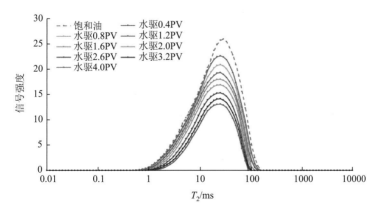

图 6.13　定 5C4+5(3)水驱油 T_2 谱（0.008mL/min）

6.5.2　剩余油分布

以下为 12 块样品的剩余油分布图，如图 6.14～图 6.25 所示。

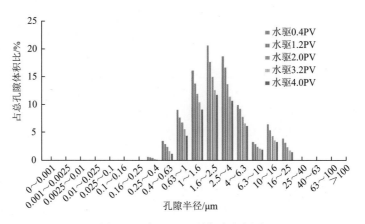

图 6.14　定 3C6(1)剩余油分布图

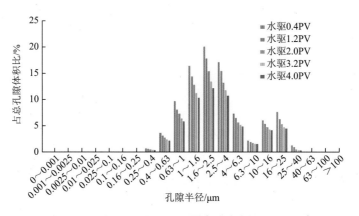

图 6.15　定 3C6(2)剩余油分布图

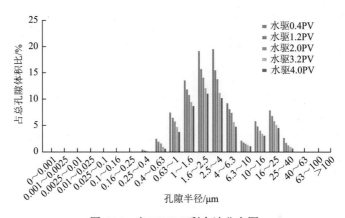

图 6.16　定 3C6(10)剩余油分布图

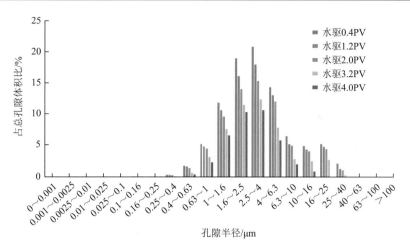

图 6.17 杏子川 C4+5(3)剩余油分布图

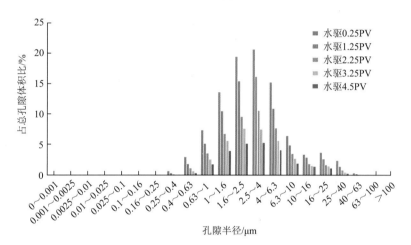

图 6.18 定 3C6(6)剩余油分布图

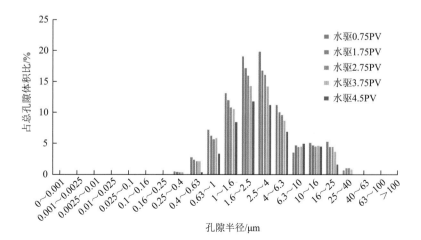

图 6.19 杏子川 C6(4)剩余油分布图

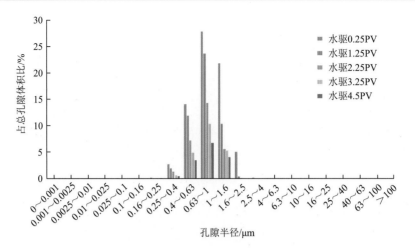

图 6.20　定 3C6(5)剩余油分布图

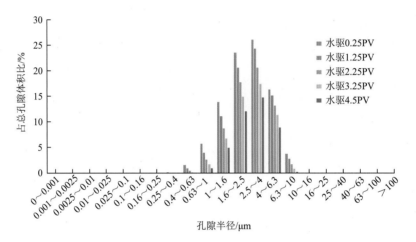

图 6.21　定 3C6(7)剩余油分布图

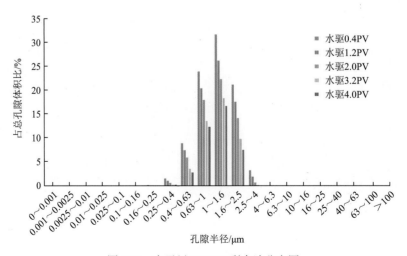

图 6.22　杏子川 C6(123)剩余油分布图

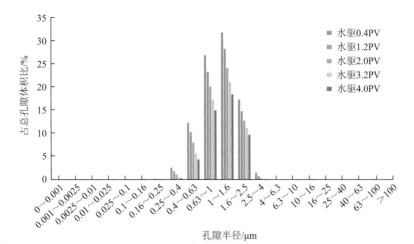

图 6.23　杏子川 C6(8)剩余油分布图

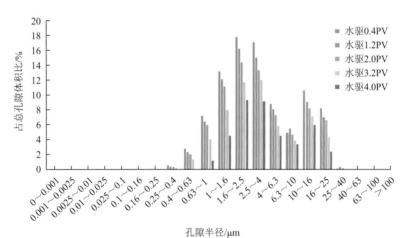

图 6.24　定 5C4+5(1)剩余油分布图

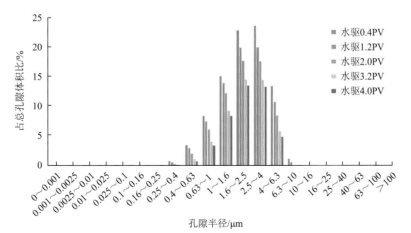

图 6.25　定 5C4+5(3)剩余油分布图

6.6　核磁共振水驱油实验结果分析

6.6.1　高渗透性组水驱含油饱和度变化

将其中 4 个渗透性较高的样品，分别为定 3C6(1)、定 3C6(2)、定 3C6(10)和杏子川 C4+5(3)，采用 4 种不同的驱替速度，分别为 0.02mL/min、0.015mL/min、0.01mL/min、0.008mL/min 进行水驱油实验，实验结果如图 6.26 所示。

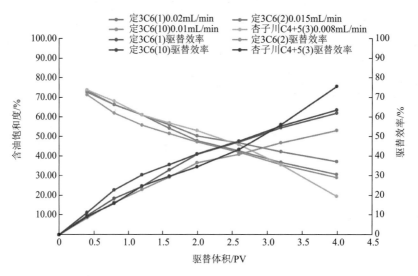

图 6.26　高渗透性组水驱含油饱和度变化图

（1）杏子川 C4+5(3)样品驱替速度最低，驱替效率最高，认为该驱替速度下，渗流主要由毛管力控制，毛管力引起的渗吸作用大幅提高驱替效率。

（2）定 3C6(10)样品驱替过程也由毛管力和黏性力共同控制，渗吸也提高了采收率，但提高幅度比上述样品稍小。

（3）其余两个样品驱替过程主要由黏性力控制，驱替效率随驱替速度的增加而增加，驱替速度较快，渗吸作用很小，对最终采收率影响不明显。

6.6.2　中渗透性组水驱含油饱和度变化

将其中 4 个渗透性较中等的样品分别为定 3C6(6)、定 3C6(5)、杏子川 C6(4)、定 3C6(7)，采用 4 种不同的驱替速度，分别为 0.02mL/min、0.015mL/min、0.01mL/min、0.008mL/min 进行水驱油实验，实验结果如图 6.27 所示。

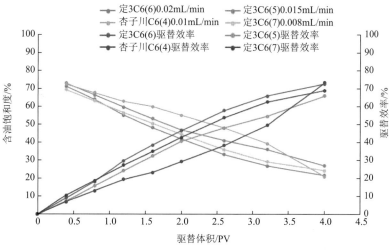

图 6.27　中渗透性组水驱含油饱和度变化图

（1）该组样品在此驱替速度范围内，渗流主要由黏性力控制，驱替效率随驱替速度的加快而增加。

（2）该组样品渗透率范围为 0.23～0.27mD；该组样品主流喉道半径为 4.3μm；该组样品平均喉道半径为 1.05～1.12μm；该组样品平均孔隙半径为 175～179μm；该组样品平均孔喉比为 160～183；该组样品束缚水饱和度为 20%左右。

6.6.3　低渗透性组水驱含油饱和度变化

将其中 4 个渗透性较低的样品，分别为杏子川 C6（123）、杏子川 C6（8）、定 5C4+5(1)和定 5C4+5(3)，采用 4 种不同的驱替速度，分别为 0.02mL/min、0.015mL/min、0.01mL/min、0.008mL/min 进行水驱油实验，实验结果如图 6.28 所示。

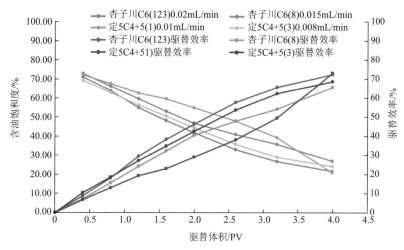

图 6.28　低渗透性组水驱含油饱和度变化图

（1）该组样品驱替速度＜0.01mL/min 时，渗流过程主要由毛管力控制，毛管力引起的渗吸作用有助于提高驱替效率，渗吸效率随驱替速度的加快而增加。

（2）驱替速度＞0.01mL/min 时，渗流过程主要由黏性力控制，渗吸作用不明显，驱替效率随驱替速度加快而增加。

（3）因此定 5C4+5(1)样品渗吸作用对最终驱替效率的贡献最大。

6.6.4　不同驱替速度条件下驱替效率分析

将上述 12 组不同驱替速度条件下的水驱油实验的驱替效率全部绘制到图 6.29 上，由图 6.29 可以看出。

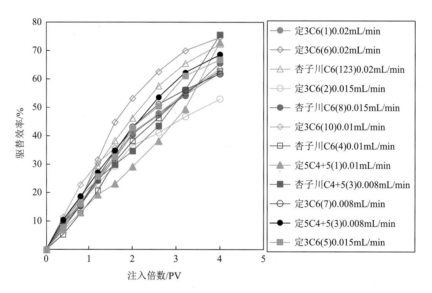

图 6.29　本区块 12 组岩样不同驱替速度条件下注入倍数与驱替效率关系

（1）驱替早期高速驱替效率较高，驱替完成时低速最终效率较高，如杏子川 C4+5(3)、定 5C4+5(3)、定 5C4+5(1)，认为温和注水驱替主要由毛管力和黏性力共同控制，毛管力为动力，渗吸作用大，对最终驱替效率贡献大。

（2）中高速渗流主要由黏性力控制，驱替效率随驱替速度的增加而增加，毛管力作用较小、贡献小。

（3）低速（≤0.01mL/min）驱替效率为 62%～76%，高速（＞0.01mL/min）驱替效率为 53%～74%，温和注水的最终驱替效果更优。

6.6.5　渗吸驱替采出程度分析

此外，本书比较了温和注水条件下的水驱油采出程度（图 6.30）与前期研究的常规注水条件下的水驱油采出程度（图 6.31），从图 6.30 与图 6.31 显示的平均采出程度可以看出，低渗、低速驱替条件下（即温和注水），渗吸作用对最终采出程度起很大贡献，本实验结果显示温和注水条件下，渗吸作用将最终采收率提高了 10 个百分点左右。

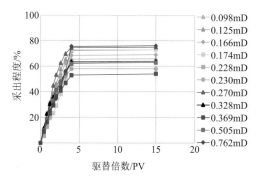

图 6.30　驱替倍数与采出程度对比图

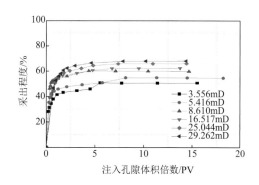

图 6.31　注入孔隙体积倍数与采出程度对比图

6.6.6　驱替速度对温和注水采出程度的影响

本书进一步分析了在相同实验条件下，包括岩石的渗透性在同一个级别条件下，仅改变驱替速度条件，探讨驱替速度对温和注水最终采收率的影响。图 6.32 所示分别绘制

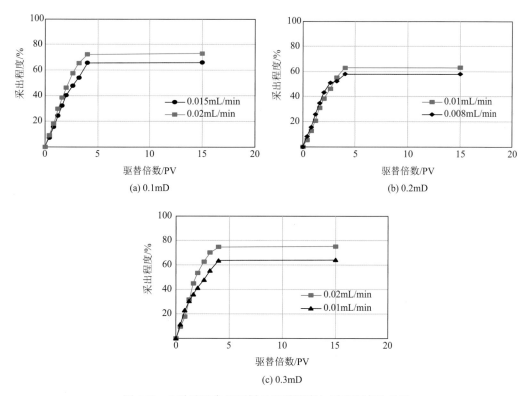

(a) 0.1mD

(b) 0.2mD

(c) 0.3mD

图 6.32　3 种渗透率级别样品驱替速度与采出程度的关系

了 0.1mD、0.2mD 和 0.3mD 的渗透性级别下驱替速度与采收率的关系。由图 6.32 可知，低渗储层、低速驱替，同等渗透率条件下，驱替速度相对较高，最终采出程度相对较高。

6.6.7　渗透率对温和注水采出程度的影响

本书进一步分析了在相同实验条件下，包括在相同的驱替注入速度条件下，仅改变岩石渗透率条件，探讨渗透率对温和注水最终采收率的影响。如图 6.33 所示，分别绘制了 0.008mL/min、0.01mL/min、0.015mL/min 和 0.02mL/min 的驱替速度条件下不同渗透率岩样的最终采收率结果，低渗储层、低速驱替时，同等驱替速度条件下，渗透率相对较低，喉道半径相对较小，毛管力相对较高，渗吸作用相对较大，对最终采出程度贡献相对较高。

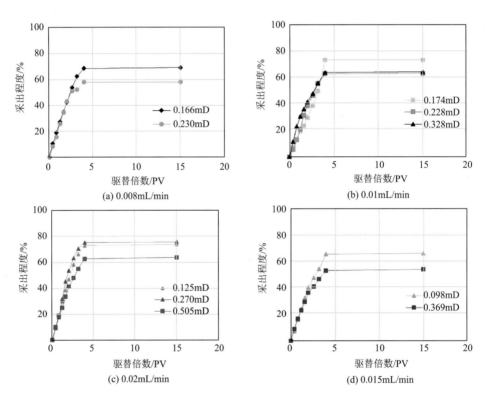

图 6.33　不同渗透率岩样的最终采收率

6.7　不同渗透率岩心油水渗流驱替实验

对延长油田 6 块不同渗透率岩心开展油水渗流驱替实验研究，主要包括不同渗透率岩心的相对渗透率曲线、驱替倍数与采出程度的关系以及驱替倍数与含水率关系，分别如图 6.34~图 6.36 所示。由图可见：

（1）当 $S_w \leqslant 50\%$，随 S_w 增加，水相渗透率逐渐变大；当 $S_w > 50\%$，随 S_w 增加水相渗透率快速变大；

（2）相同的驱替孔隙体积倍数下，随着渗透率的增大，采出程度变大；

（3）渗透率对含水率的影响不大。当注入孔隙体积为 1PV 时，含水率都在 78% 以上。

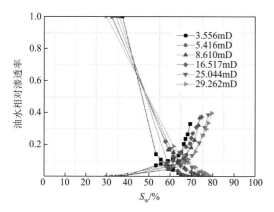

图 6.34　不同渗透率样品的相对渗透率曲线　　　图 6.35　不同渗透率样品的驱替倍数与采出程度对比图

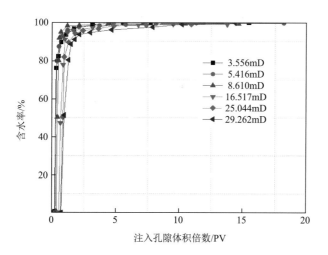

图 6.36　不同渗透率样品的驱替倍数与含水率对比图

第7章 渗吸-驱替双重渗流数值模拟研究

高温高压渗吸机理为渗吸-驱替双重渗流机理，不能明确建立微观孔喉结构特征参数对最终采收率的影响规律，需分别研究渗吸和驱替的作用，开展渗吸-驱替双重渗流数值模拟。

7.1 裂缝性油藏渗吸开采流体渗流数学模型及求解

裂缝性油藏一般被描述为双重介质油藏，即油藏中存在两种明显不同的介质系统，占油藏主要孔隙空间具有较低渗透率的基质系统和占油藏少量孔隙空间具有较高渗透率的裂缝系统。在对裂缝性油藏进行数学建模时，根据裂缝和基质系统的储集空间特征、渗流特征和驱替机理等，可将数学模型分为两大类：即双孔双渗模型和双孔单渗模型。

根据裂缝性油藏渗吸开采机理和模型本身的特征，国内外通常采用双孔单渗模型对裂缝性油藏水驱采油进行模拟。因此，本书在常规双孔单渗裂缝油藏数学模型中考虑了渗吸注水开发饱和度扩散因素，建立了考虑渗吸的裂缝性油藏双孔单渗数学模型，并对建立的模型进行了数值求解。

7.1.1 模型假设条件

双孔单渗渗吸采油模型的基本假设条件为：

（1）油藏中只有油、水两相，油水两相不互溶，每一相渗流均遵守达西定律，且油藏中的渗流是等温渗流；

（2）油藏为双重孔隙介质，基质岩块为主要的储油空间，裂缝为流体的渗流通道；

（3）裂缝为连续介质，基质岩块为不连续介质，基质岩块不能供应源汇项，岩块只与裂缝发生质量交换；

（4）岩石微可压缩，且各向异性；

（5）流体可压缩，考虑重力、弹力和毛管力对流体渗流的影响。

7.1.2 基于渗流微分方程

1. 裂缝系统

油相连续性方程：

$$\nabla \cdot \left\{ \frac{k_{\mathrm{f}} k_{\mathrm{rof}}}{\mu_{\mathrm{of}} B_{\mathrm{of}}} \nabla \Phi_{\mathrm{of}} \right\} - \tau_{\mathrm{omf}} - q_{\mathrm{o}} = \frac{\partial}{\partial t} (\varphi_{\mathrm{f}} S_{\mathrm{of}} / B_{\mathrm{of}}) \tag{7.1}$$

水相连续性方程：

$$\nabla \cdot \left\{ \frac{k_{\mathrm{f}} k_{\mathrm{rwf}}}{\mu_{\mathrm{of}} B_{\mathrm{wf}}} \nabla \varPhi_{\mathrm{wf}} \right\} - \tau_{\mathrm{wmf}} - q_{\mathrm{w}} = \frac{\partial}{\partial t}(\varphi_{\mathrm{f}} S_{\mathrm{wf}} / B_{\mathrm{wf}}) \tag{7.2}$$

2. 基质系统

油相连续性方程：

$$\tau_{\mathrm{omf}} = \frac{\partial}{\partial t}(\varphi_{\mathrm{m}} S_{\mathrm{om}} / B_{\mathrm{om}}) \tag{7.3}$$

水相连续性方程：

$$\tau_{\mathrm{wmf}} = \frac{\partial}{\partial t}(\varphi_{\mathrm{m}} S_{\mathrm{wm}} / B_{\mathrm{wm}}) \tag{7.4}$$

3. 辅助方程

裂缝油相流动势：

$$\varPhi_{\mathrm{of}} = P_{\mathrm{of}} - \gamma_{\mathrm{of}} D \tag{7.5}$$

裂缝水相流动势：

$$\varPhi_{\mathrm{wf}} = P_{\mathrm{wf}} - \gamma_{\mathrm{wf}} D \tag{7.6}$$

基质油相流动势：

$$\varPhi_{\mathrm{om}} = P_{\mathrm{om}} - \gamma_{\mathrm{om}} D \tag{7.7}$$

基质水相流动势：

$$\varPhi_{\mathrm{wm}} = P_{\mathrm{wm}} - \gamma_{\mathrm{wm}} D \tag{7.8}$$

裂缝中油水毛管力方程：

$$P_{\mathrm{cowf}} = P_{\mathrm{of}} - P_{\mathrm{wf}} \tag{7.9}$$

裂缝中饱和度方程：

$$S_{\mathrm{of}} + S_{\mathrm{wf}} = 1 \tag{7.10}$$

基质中油水毛管力方程：

$$P_{\mathrm{cowm}} = P_{\mathrm{om}} - P_{\mathrm{wm}} \tag{7.11}$$

基质中饱和度方程：

$$S_{\mathrm{om}} + S_{\mathrm{wm}} = 1 \tag{7.12}$$

上式中，k_{f} ——裂缝系统的渗透率，mD；

　　k_{rof} ——裂缝系统中油相相对渗透率，mD；

　　k_{rwf} ——裂缝系统中水相相对渗透率，mD；

　　μ_{of} ——裂缝系统中油相黏度，mPa·s；

　　B_{wf} ——裂缝系统中地层水体积系数，m³/m³；

　　B_{of} ——裂缝系统中原油体积系数，m³/m³；

q_o——流入流出裂缝系统油相流量差，m³/d；

q_w——流入流出裂缝系统水相流量差，m³/d；

φ_f——裂缝系统的孔隙度，%；

τ_{mf}——裂缝基质交换量，包括裂缝基质之间由流体膨胀和渗吸引起的流体交换。

由 12 个方程组成的方程组中有 12 个未知量，即：P_{of}、P_{wf}、Φ_{of}、Φ_{wf}、S_{of}、S_{wf}、P_{om}、P_{wm}、Φ_{om}、Φ_{wm}、S_{om}、S_{wm}。因此，方程组是封闭的。由 8 个代数方程可以消去 8 个未知量，剩下 4 个独立的未知量，即：P_{of}、S_{wf}、P_{om}、S_{wm}。

7.1.3　模型定解条件

模型的定解条件包括初始条件和边界条件，边界条件又包括外边界条件和内边界条件。下面是模型的定解条件的数学表达式。

1. 初始条件

初始条件是指从某一时刻起（$t=0$），油藏中各点参数如压力、饱和度的分布情况为

$$P(x,y,z,t)\big|_{t=0} = P_0(x,y,z)$$
$$S(x,y,z,t)\big|_{t=0} = S_0(x,y,z) \tag{7.13}$$

式中，P、S——油气藏各介质系统中任意一点的参数。

2. 边界条件

边界条件是指油气藏几何边界在开采过程中所处的状态。

（1）外边界条件[纽曼（Neumman）边界]：

$$\frac{\partial \Phi_{of}}{\partial n}\bigg|_\Gamma = 0 \quad \frac{\partial \Phi_{om}}{\partial n}\bigg|_\Gamma = 0$$
$$\frac{\partial \Phi_{wf}}{\partial n}\bigg|_\Gamma = 0 \quad \frac{\partial \Phi_{wm}}{\partial n}\bigg|_\Gamma = 0 \tag{7.14}$$

（2）内边界条件[狄利克雷（Direchlet）边界]：

$$\text{定井底压力：} P\big|_{r=r_w} = \text{Const}$$
$$\text{定产量：} Q\big|_{r=r_w} = \text{Const} \tag{7.15}$$

式中，r_w——井半径；

P——压力；

Q——产量。

7.1.4　改进的裂缝和基质系统交换量计算方法

天然裂缝性油藏通常被认为是含有相互连通的裂缝系统和为裂缝所切割的基质岩

块。裂缝系统具有较高的渗透率和较低的存储空间，提供了主要的渗流通道，基质岩块具有较低渗透率和较大的存储空间，提供了主要的原油来源。基质系统含有大部分的原油，但是原油到井底的流动是通过高渗透率裂缝系统的。这说明基质-裂缝的相互作用主要控制了流体流动。基质-裂缝系统的生产与许多物理机理相关，包括原油膨胀（又可以叫作压力扩散）、渗吸（又叫作饱和度扩散）、重力渗吸（又叫作重力排泄）、质量扩散和黏性驱动（黏性传播）[111]。对大多数裂缝性油藏主要的机理是原油膨胀和渗吸，重力排泄对某一些油藏来说也很重要。最后两个通常可以忽略。

早在 20 世纪 60 年代，Warren 和 Root[112]在他们提出的裂缝油藏双孔隙度模型中就采用了交换方程的概念，把由基质和裂缝的相互作用引起的基质裂缝间的质量交换通过基质裂缝交换方程进行模拟计算。裂缝基质之间的相互作用是裂缝性油藏开采的主要机理，在裂缝油藏模型中交换方程控制着裂缝基质之间的质量交换，因此交换方程被视为裂缝性油藏双孔隙度模型的核心。如何使裂缝基质交换方程更接近真实裂缝性油藏基质裂缝质量交换机理，是裂缝油藏数值模拟的关键所在。

1. 常规的基质裂缝交换量计算

不同的双重介质模型的主要区别在于其描述基质和裂缝两种不同系统之间的流体交换过程的不同。这些模型概括起来主要有单块模型，沃伦-鲁特（Warren-Root）模型，卡塞米（Kazemi）模型，托马斯（Thomas）模型和利特瓦克（Litvak）模型。

1）单块模型

在单块模型中，像常规的双孔隙度模型一样，目标油藏被划分为许多网格块，每个网格块由两种不同的介质组成布氏渗透率的储存空间（基岩）和低孔隙度的主要流动通道（裂缝）。岩块被周围的平行裂缝网络所包围。由基岩和裂缝组成的网格块就是单块模型的研究对象。在每个网格块中，所有基岩块的性质相同，系统中的流体处于同样的状态。流体流动只发生在基岩与裂缝之间。也就是说，基岩块之间不发生流动。这样，基岩-裂缝交换量就可以根据简化的单块模型（single block model，SBM）计算。基岩-裂缝交换量表达式为

$$\tau_{mf} = \sum_{i=1}^{3} n_i \sum_{j=1}^{6} \frac{S_j k_m k_{rlu}}{d_j} (\Phi_{lm} - \Phi_{lfj}) \tag{7.16}$$

式中，l——$l = o, g, w$；

i——表示裂缝介质分别被油、气和水充满的 3 个部分；

n_i——表示位于裂缝 i 部分的岩块数目，即网格中岩块总数分别乘以裂缝的油、气及水饱和度，n_i 是总的表面数目；

j——每个单块的 6 个面；

d_j——第 j 面宽度；

S_j——第 j 面面积；

k_m——基质渗透率；

k_{rlu}——l 相的上游相对渗透率，如岩块为上游则按岩块的饱和度进行计算；反之，

如裂缝为上游则根据裂缝中的流体性质决定；

Φ_{lfj}——第 j 面上的裂缝中的 l 相的势。在水平方向的 4 个接触面上，裂缝压力为 P_f，而在顶底接触面上裂缝压力分别为 $P_f \pm 0.5\Delta h\gamma_l$；

Φ_{lm}——基岩中流体的势。

因此，当 $l = i$ 时，6 个面上的裂缝势是相等的。当 $i \neq l$ 时，顶底面上的裂缝间就有势差 $\Delta h(\gamma_i - \gamma_l)$，从而充分显示出重力对岩块的作用。

2）Warren-Root 模型

早在 1963 年，Warren 和 Root[112]就提出了双孔隙度的概念，并建立了单相、非稳态、径向流的裂缝性油藏数学模型。他们的公式最早是应用于试井分析的。在他们假设的双孔隙度区域中，连续、均匀的裂缝网络与油藏主要渗透率方向平行，系统中的基质岩块与裂缝占据着同一物理空间，并且其几何形状为理想的直角正六面体，岩块与岩块之间不发生流体交换。

对于单相、二维、微可压缩流体流动的岩块-裂缝系统，Warren-Root 模型表示为

$$\frac{k_{fx}}{\mu}\frac{\partial^2 P_f}{\partial x^2} + \frac{k_{fy}}{\mu}\frac{\partial^2 P_f}{\partial y^2} - \varphi_m C_m \frac{\partial P_m}{\partial t} = \varphi_f C_f \frac{\partial P_f}{\partial t} \tag{7.17}$$

从式（7.17）中我们可以看出，除了方程左端最后一项源项以外，它与单孔隙度介质的连续性方程十分相似。Warren 和 Root 认为，如果基岩系统中存在拟稳态流动，那么就可以使用达西定律。基岩系统中的每一点都必须满足以下流动方程，即

$$\varphi_m C_m \frac{\partial P_m}{\partial t} = \frac{\sigma k_m}{\mu}(P_f - P_m) \tag{7.18}$$

以上两个方程便构成了 Warren-Root 单相流系统的双孔隙度模型。对于以上模型，Warren 和 Root 推导出了其应用于试井分析的一个解析解。需要注意的是，第一个方程表示裂缝系统中流体的流动情况，第二个方程代表基岩中的流体流动，它也被称为窜流方程。

方程中的 σ 称为形状因子，反映了基岩单元块的几何形状，并控制两种多孔介质之间的流体流动。对于立方体基岩块，Warren-Root 的形状因子定义为

$$\sigma = \frac{4n(n+2)}{l^2} \tag{7.19}$$

式中，n——正交裂缝的组数；

l——岩块的特征长度，可表示成：

$$\begin{cases} l = \dfrac{3abc}{ab + bc + ca}, \in n = 3 \\ l = \dfrac{2ab}{a + b}, \in n = 2 \\ l = a, \in n = 1 \end{cases} \tag{7.20}$$

式中，a、b、c——立方体基质岩块各边的长度。

　　这里所定义的形状因子在数学上并不是完全严格的，它的推导过程并没有用到控制岩块内流体流动的压力扩散方程，而是根据总体物质平衡和拟稳态流动的假设条件得到的。

　　3）Kazemi 模型

　　Kazemi[113]直接将单相流的 Warren-Root 模型推广到了两相流的应用当中，并在三维基础上得到了模型的数值解。正如 Warren-Root 模型一样，要定义流动系统，需要使用两个方程——裂缝流动方程和基岩流动方程。该模型也建立在双重孔隙度概念的基础上，并且假设每一有限差分网格单元中所有基质岩块的压力和饱和度相等。它所计算的重力分异是网格块之间的值，而不是单个岩块内的重力分异。这些假设在大多数实际应用中都是可以接受的。

　　考虑一个单元的油藏体积，假设裂缝形成了一个流动空间，而岩块处于非连续状态，裂缝是基质岩块的边界。在达西定律成立的条件下，根据该油藏单元体积中裂缝和岩块的物质平衡分别可以得

$$
\nabla \cdot \left[0.0011271 \left(\frac{kk_{ra}}{\mu_a B_a} \right)_f \rho_a \left(\nabla P_{af} - \frac{1}{144} \nabla D_f \right) \right] - \left[T_{am} S_{am} (P_{af} - P_{am}) \right]
$$
$$
+ q_a \delta(x - x_0) = \frac{1}{5.6146} \frac{\partial}{\partial t} (\varphi_f S_{af} / B_{af}) \tag{7.21}
$$

$$
0.0011271 \left(\frac{kk_{ra}}{\mu_a B_a} \right)_m \sigma \rho_a (\varphi_{af} - \varphi_{am}) = \frac{1}{5.6146} \frac{\partial}{\partial t} (\varphi_f S_{af} / B_{af}) \tag{7.22}
$$

式中，a——系统中流动的各相，a 为 o、w 或 g。

　　裂缝—岩块交换方程表示为

$$
\tau_{mf} = 0.0011271 \left(\frac{kk_{ra}}{\mu_a B_a} \right)_m \sigma \rho_a \left[(P_a - \rho_a D / 144)_f - (P_a - \rho_a D / 144)_m \right] \tag{7.23}
$$

　　对于三维流动情况，Kazemi 等定义的形状因子是：

$$
\sigma = 4 \left[\frac{1}{L_{mx}^2} + \frac{1}{L_{my}^2} + \frac{1}{L_{mz}^2} \right] \tag{7.24}
$$

　　Kazemi 推导出的这个形状因子明显不同于 Warren 和 Root 的形状因子。这是因为，Warren 和 Root 使用了特征长度的概念，并基于总体物质平衡的假设推导该形状因子。然后再通过体积/表面积比将该特征长度与立方体基岩块的各边长度联系起来。Kazemi 直接在单个立方体基岩物质平衡的基础上以及拟稳态流动的假设条件下推导该因子。

　　然而，要使该模型合理，还需要一些其他的更重要的假设条件。我们可以看出该模型是对单相流的 Warren-Root 模型的直接推广。控制单相系统基岩-裂缝物质交换的主要机理是流体膨胀。但是对于多相流系统，渗吸和重力排驱可能是比流体膨胀更重要的两个驱油机理。在窜流方程中直接用势代替压力以涵盖重力的影响意味着假设这两种机理的线性叠加成立。而且，像单孔隙度流动模型中那样使用毛管力来表示渗吸作用的影响并没有实际的物理根据。

Gilman 和 Kazemi[114]后来又对以上 Kazemi 模型针对其流度进行了改进。他们尝试使该新的窜流方程可以模拟裂缝性油藏中的三相流动以及重力对交换项的影响。经改进后的方程在流度表达式中用到了裂缝相对渗透率，得到的交换方程为

$$\tau_{mf} = k_m V \sigma \{\omega_a \lambda_{am} + (1 - \omega_a)\lambda_{af}\} \rho_a [(P_a - \rho_a D)_f - (P_a - \rho_a D)_m] \qquad (7.25)$$

他们认为，岩块中的饱和度梯度不能由双孔隙度模型计算，上游加权法也不是随时适用。这里的 ω_a 称为加权因子，其值在 0 和 1 之间变化，当流体从基岩流向裂缝时，$\omega_a = 1$。此外，表达式中还使用了一个动态的重力势，它建立于基质岩块的势和同等高度的裂缝的势。方程中所使用的 D_m 和 D_f 表明，尽管饱和度随时间发生变化，但所计算的重力保持为常数。此外，这样的表示方法同样也说明了裂缝占据网格单元的一部分，而岩块占据网格单元的另一部分。但事实上，重力影响应该根据流体在裂缝和基质岩块中的分布函数关系而发生变化。这种流体分布通常是未知的，所以模型中假设裂缝和基质岩块在网格单元内均匀分布。通过令基岩子区域的相对渗透率等于其被水覆盖的百分数，使他们的渗吸模型仅考虑了被水覆盖的基岩区块，因为只有这部分区域才有可能发生渗吸作用。

4）Thomas 模型

Thomas 等[115]于 1983 年提出了另一种基于双孔隙度概念的全隐式、三维、多相天然裂缝性油藏模拟模型。他们将窜流方程中的重力影响通过使用拟相对渗透率和拟毛管力曲线来表示。

为了模拟渗吸过程中基质岩块的边界条件，他们将岩块-裂缝交换方程中的水相相对渗透率被保持在 k_{rw}，对应于基岩中零毛管力时的含水饱和度。他们用裂缝的相饱和度乘以基岩的相对渗透率，从而在模型中考虑块覆盖体积的影响。也就是说，当裂缝水位处于网格块中某一高度时，并不是所有的基质岩块都会发生渗吸现象。因此，对于水从裂缝流向基岩时，其相对渗透率表示为

$$k_{rw} = S_{wf} [k_{rw}]_{P_c = 0} \qquad (7.26)$$

当原油从裂缝流向岩块系统时，其相对渗透率表示为

$$k_{ro} = S_{of} [k_{ro}]_{S_{wm}} \qquad (7.27)$$

对于流体从基质岩块流向裂缝的情况，窜流方程中使用的是没有改变的基岩相对渗透率。因此，Thomas 等提出的基岩-裂缝窜流方程，可表示为

$$\tau_{mf} = k_m V \sigma \{\omega_a \lambda_{am} + (1 - \omega_a)\lambda_{af}^*\} \rho_a [(P_a - \rho_a D)_f - (P_a - \rho_a D)_m] \qquad (7.28)$$

式中，当流体从裂缝流向岩块时，$\omega_a = 1$；λ_{af}^* 是由以上方程给出的 k_f 值计算的。

要使用拟函数，就需要事先通过实验室实验和实验结果的拟合确定变量的基本函数关系。并且，不管是裂缝还是岩块，Thomas 均使用了同样的拟相对渗透率和拟毛管力曲线，然而，由于两种介质中不同的动态类型，这些函数关系本应不同。此外，拟函数的使用使其模型中的裂缝和岩块均为垂向平衡系统。这样便使流动从三维减少到二维，

并且实际上假设了岩块的垂向渗透率很大，足以达到垂向上的平衡状态，主要的采油机理也成了由重力引起的垂向流动。

为了检验其模型的有效性，Thomas 等[115]使用单孔隙度模型对一块被裂缝包围的基质岩块的渗吸过程进行了精细网格模拟。岩块边界完全侵入流体中。他们发现，通过改变形状因子可以获得单孔隙度模型与双孔隙度模型之间的吻合（根据基质岩块被水相还是气相包围）。然而，该拟合较好的形状因子并不与基质岩块的真实体积相对应。此外，双孔隙度模拟需要一个不同的形状因子来拟合精细网格模拟的结果，这取决于该驱油过程是一个发生在水/油系统的渗吸过程，还是一个发生在气/油系统中的重力排驱过程。这些试验结果说明，该窜流方程缺乏广泛性，因为对于任何岩块-裂缝系统，形状因子并不容易确定，并且它似乎可能随着驱油过程而发生变化。事实上，以上方程中对加权平均流度的使用也没有物理根据。这是因为，正如单孔隙度系统一样，饱和度传递现象是通过双曲线方程来描述的，因此，它仅仅取决于上游的一些性质。

5）Litvak 模型

Litvak[116]在前人的基础上对重力势项进行了改进，从而提出了另一种双孔隙度模型的岩块-裂缝窜流方程。该重力势以岩块和裂缝中的流体高度为基础，因此，其值随裂缝与岩块之间的流体交换而发生变化。他的岩块-裂缝交换项表示为

$$\tau_{mf} = k_m V \sigma \lambda_a \rho_a C_{af} \left[P_{af} - P_{am} - \Delta\gamma(D_{am} - D_{af}) \right] \tag{7.29}$$

以上方程中的重力项以基岩和裂缝中分异的含水高度来定义重力压头。$\Delta\gamma$ 表示水油或油气之间的重度差（重度表示密度与重力加速度的乘积）。乘数 C_{af} 为覆盖系数，它表示了岩块-裂缝渗吸量和裂缝中含水高度的一定关系。对于瞬间浸入水中的岩块，$C_{af} = 1$。这样的岩块比部分浸入水中的岩块（$C_{af} < 1$）具有更高的渗吸交换量。从这点可以看出，C_{af} 应该与裂缝的含水饱和度成正比。这里的形状因子 σ 与 Kazemi 模型定义一样。他们的窜流方程中也没有强调适当的岩块-裂缝界面上的边界条件。

Litvak 使用裂缝中垂向平衡的概念来确定一个网格单元中被气或水包围的岩块数目。然后将水、油的窜流方程应用于油水界面以下的基质岩块，而相似的油气窜流项应用于油、气界面以上的基质岩块，通过这种方式来计算网格单元中总体的流体交换量。但 Litvak 并没有说明基岩和裂缝中的接触界面高度是如何计算的。

由于 Litvak 模型必须确定任何时间步上网格单元中的油水、油气界面，所以他的模型不能使用隐式方法求解，并且会导致稳定性的问题。但是，因为他的模型是一个严格的隐式压里显式饱和度（implicit pressure-explicit saturation，IMPES）模型，所以不会引起过大的不稳定。

2. 考虑渗吸的基质裂缝交换方程

在单孔隙度系统中，流体流动的主要机理是由压力梯度引起的黏性驱动和流体膨胀，而对于双重孔隙度系统，由于裂缝的渗透率远远大于基质的渗透率，因此裂缝中的压力梯度与裂缝是平行的，该压力梯度对基质和裂缝间的流体交换就可以忽略，也就是说有裂缝中的压力梯度引起黏滞力驱动可以忽略。因此，在这种条件下，双重孔隙度系统开

采的驱动力只剩下流体膨胀作用、渗吸作用、重力分异和质量扩散。对于大多数裂缝性油藏来说，最主要的驱动力是流体膨胀和渗吸。因此，如果基质裂缝交换方程有效地考虑了流体膨胀和渗吸，就能够准确地模拟裂缝性油藏开采动态。

对于任意的体积为 V，孔隙度为 φ 且四周被裂缝包围的基质岩块，假设岩块中的油和水不混相，在时间 t，岩块中的平均含水饱和度为 $\overline{S_w}$，水相平均密度为 $\overline{\rho_w}$。在一个时间段 dt 上进行物质平衡计算可得到交换方程的形式为[117]

$$\tau_{wmf} = -V\varphi\overline{S_w}\,\overline{\rho_w}c_w\frac{\partial\overline{P_w}}{\partial t} + V\varphi\overline{\rho_w}\frac{\partial\overline{S_w}}{\partial t} \tag{7.30}$$

$$\tau_{wmf} = \tau_{wmf1} + \tau_{wmf2} \tag{7.31}$$

方程就是控制基质裂缝系统两相流交换方程的微分形式。为了把该交换方程用于裂缝油藏数学模型中，需要对方程中两个时间微分项进行计算。

1）微分相的推导

裂缝和基质岩块之间的物质平衡方程的完整微分形式可以写成：

$$\sum_p\left[\nabla\omega_{c,p}\lambda_p(\nabla P_p - \gamma_p\nabla D) - \omega_{c,p}\tilde{q}_p^w - \frac{\partial}{\partial t}(\varphi S_p\omega_{c,p})\right] = 0 \tag{7.32}$$

假设油水为非混相且忽略重力和黏滞力对基质裂缝间质量交换的影响，方程可以简化为

$$\nabla\rho_p\lambda_p\nabla P_p - \frac{\partial}{\partial t}(\varphi S_p\rho_p) = 0 \tag{7.33}$$

在上式中，相密度 ρ_p 是压力的函数，相流度是 λ_p 的饱和度的函数，在油藏条件下，压力和饱和度又是时间的函数，所以 ρ_p 和 λ_p 可以看成是时间的函数。

假设岩石的压缩系数为常数，则方程可写为

$$\nabla^2 P_p = \frac{\varphi}{\lambda_p}\frac{\partial S_p}{\partial t} + \frac{\varphi S_p c_p}{\lambda_p}\frac{\partial P_p}{\partial t} \tag{7.34}$$

对于油水系统，方程可以写成

$$\nabla^2 P_w = \frac{\varphi}{\lambda_w}\frac{\partial S_w}{\partial t} + \frac{\varphi S_w c_w}{\lambda_w}\frac{\partial P_w}{\partial t} \tag{7.35}$$

$$\nabla^2 P_o = \frac{\varphi}{\lambda_o}\frac{\partial S_o}{\partial t} + \frac{\varphi S_o c_o}{\lambda_o}\frac{\partial P_o}{\partial t} \tag{7.36}$$

由方程可得

$$\frac{\partial P_w}{\partial t} = \frac{\lambda_w}{\varphi S_w c_w}\nabla^2 P_w - \frac{\varphi}{\lambda_w}\frac{\partial S_w}{\partial t} \tag{7.37}$$

又由饱和度扩散理论，可得到饱和度时间微分为

$$\frac{\partial S_{\mathrm{w}}}{\partial t} = \frac{D(t)}{2\int_0^t D(\tau)}(S_{\mathrm{w}i} - \overline{S_{\mathrm{w}}}) = \tilde{\sigma}(S_{\mathrm{w}i} - \overline{S_{\mathrm{w}}}) \tag{7.38}$$

式中，$\tilde{\sigma}$——饱和度扩散形状因子。由其表达式可知，当 $D(t)$ 为常数的时：

$$\tilde{\sigma} = \frac{D(t)}{2\int_0^t D(\tau)} = \frac{1}{2}t^{-1} \tag{7.39}$$

则，交换方程中的第二项可写为

$$\tau_{\mathrm{wmf}2} = V\varphi\rho_{\mathrm{w}}\tilde{\sigma}(S_{\mathrm{w}i} - \overline{S_{\mathrm{w}}}) \tag{7.40}$$

将式（7.40）代入式（7.37）中可得

$$\frac{\partial P_{\mathrm{w}}}{\partial t} = \frac{\lambda_{\mathrm{w}}}{\varphi S_{\mathrm{w}} c_{\mathrm{w}}}\nabla^2 P_{\mathrm{w}} + \frac{\varphi}{\lambda_{\mathrm{w}}}\tilde{\sigma}(S_{\mathrm{w}i} - \overline{S_{\mathrm{w}}}) \tag{7.41}$$

式（7.41）可以写为

$$\frac{\partial P_{\mathrm{w}}}{\partial t} = \alpha(t)\nabla^2 P_{\mathrm{w}} - f(t) \tag{7.42}$$

方程的形式近似于用来推导单相形状因子的单相压力扩散方程，除了多了一个源相 $f(t)$。另外，对于压力扩散率来说，其也是时间的函数：

$$\frac{\partial P_{\mathrm{w}}}{\partial t} = \nabla^2 P_{\mathrm{w}} + \tilde{g}(t) \tag{7.43}$$

式（7.43）中 T 为传导率，可表示为

$$T = \int_0^t D(\tau)\mathrm{d}\tau \tag{7.44}$$

对于一维扩散问题，式（7.42）可写为

$$\frac{\partial P_{\mathrm{w}}}{\partial t} = \frac{\partial^2 P_{\mathrm{w}}}{\partial x^2} + \tilde{g}(t) \tag{7.45}$$

式（7.45）的边界条件和初始条件可以写为

$$P_{\mathrm{w}}(0,T) = P_{\mathrm{w}}(L,T) = P_{\mathrm{wf}}; P_{\mathrm{w}}(x,0) = P_{\mathrm{wm}} \tag{7.46}$$

式（7.42）的解可用特征函数展开式求取，得到 P_{w} 与时间的函数关系式。这样，就可以求得压力 P_{w} 的时间微分表达式：

$$\frac{\partial P_{\mathrm{w}}}{\partial t} = -\sigma_p(\overline{P_{\mathrm{wm}}} - P_{\mathrm{wf}}) + \frac{8}{\pi^2}\frac{\tilde{\sigma}}{S_{\mathrm{w}}c_{\mathrm{w}}}(\overline{S_{\mathrm{w}}} - S_{\mathrm{w}i}) \tag{7.47}$$

式中，σ_p——压力扩散形状因子：

$$\sigma_p = \frac{\pi^2}{L^2} \tag{7.48}$$

代入式（7.47）中的第一项，可得由压力扩散导致的流体交换量可表示为

$$\tau_{mf1} = V\rho_w\lambda_w\sigma_p(\overline{P_{wm}} - P_{wf}) + V\varphi\rho_w\frac{8}{\pi^2}\tilde{\sigma}(\overline{S_w} - S_{wi}) \tag{7.49}$$

2）交换方程的最终形式

交换方程的完整形式，可表示为

$$\tau_{mf} = V\rho_w\lambda_w\sigma_p(\overline{P_{wm}} - P_{wf}) - V\varphi\rho_w\left(\frac{8}{\pi^2} + 1\right)\tilde{\sigma}(\overline{S_w} - S_{wi}) \tag{7.50}$$

式（7.50）中第二项中的常数项写成 σ_s，上式简化为

$$\tau_{wmf} = V\rho_w\lambda_w\sigma_p(\overline{P_{wm}} - P_{wf}) - V\varphi\rho_w\sigma_s(\overline{S_w} - S_{wi}) \tag{7.51}$$

对于拟稳态压力扩散，式（7.51）中的压力扩散形状因子和饱和度扩散形状因子可表示为

$$\sigma_p = \frac{\pi^2}{L^2}$$
$$\sigma_s = \left(\frac{8}{\pi^2} + 1\right)\frac{D(t)}{2\int_0^t D(\tau)\mathrm{d}\tau} = bt^{-1} \tag{7.52}$$

对扩散度为常数的情况，式（7.52）中的 b 为常数。

7.1.5 裂缝性油藏渗吸开采数值模型

裂缝性油藏渗吸开采渗流微分方程组是一个非线性偏微分方程组，用解析法不可能进行求解，因此应采用数值解法近似求解，求解的步骤如下。

1. 偏微分方程离散化

方程写成三维空间的表达式为

$$\frac{\partial}{\partial x}\left(\frac{k_{xf}k_{rof}}{\mu_{of}B_{of}}\frac{\partial\Phi_{of}}{\partial x}\right) + \frac{\partial}{\partial y}\left(\frac{k_{yf}k_{rof}}{\mu_{of}B_{of}}\frac{\partial\Phi_{of}}{\partial y}\right) + \frac{\partial}{\partial z}\left(\frac{k_{zf}k_{rof}}{\mu_{of}B_{of}}\frac{\partial\Phi_{of}}{\partial z}\right) - \tau_{omf} - q_o = \frac{\partial}{\partial t}(\varphi_f S_{of} / B_{of})$$

$$\frac{\partial}{\partial x}\left(\frac{k_{xf}k_{rwf}}{\mu_{wf}B_{wf}}\frac{\partial\Phi_{wf}}{\partial x}\right) + \frac{\partial}{\partial y}\left(\frac{k_{yf}k_{rwf}}{\mu_{wf}B_{wf}}\frac{\partial\Phi_{wf}}{\partial y}\right) + \frac{\partial}{\partial z}\left(\frac{k_{zf}k_{rwf}}{\mu_{wf}B_{wf}}\frac{\partial\Phi_{wf}}{\partial z}\right) - \tau_{wmf} - q_w = \frac{\partial}{\partial t}(\varphi_f S_{wf} / B_{wf})$$

$$\tag{7.53}$$

本次采用有限差分方法对渗流微分方程进行数值化近似。在空间离散时，采用块中心网格系统。下面单块模型为研究对象，建立其数值模型。

将方程左端各项进行空间离散、右端项进行时间离散，得到如下差分方程：

$$\frac{\left(\dfrac{k_{xf}k_{rof}}{\mu_{of}B_{of}}\right)_{i+1/2,j,k}\dfrac{(\varPhi_{of})_{i+1,j,k}-(\varPhi_{of})_{i,j,k}}{x_{i+1}-x_i}-\left(\dfrac{k_{xf}k_{rof}}{\mu_{of}B_{of}}\right)_{i-1/2,j,k}\dfrac{(\varPhi_{of})_{i,j,k}-(\varPhi_{of})_{i-1,j,k}}{x_i-x_{i-1}}}{x_{i+1/2}-x_{i-1/2}}$$

$$+\frac{\left(\dfrac{k_{yf}k_{rof}}{\mu_{of}B_{of}}\right)_{i,j+1/2,k}\dfrac{(\varPhi_{of})_{i,j+1,k}-(\varPhi_{of})_{i,j,k}}{y_{j+1}-y_j}-\left(\dfrac{k_{yf}k_{rof}}{\mu_{of}B_{of}}\right)_{i,j-1/2,k}\dfrac{(\varPhi_{of})_{i,j,k}-(\varPhi_{of})_{i,j-1,k}}{y_j-y_{j-1}}}{y_{j+1/2}-y_{j-1/2}}$$

$$+\frac{\left(\dfrac{k_{zf}k_{rof}}{\mu_{of}B_{of}}\right)_{i,j,k+1/2}\dfrac{(\varPhi_{of})_{i,j,k+1}-(\varPhi_{of})_{i,j,k}}{z_{k+1}-z_k}-\left(\dfrac{k_{zf}k_{rof}}{\mu_{of}B_{of}}\right)_{i,j,k-1/2}\dfrac{(\varPhi_{of})_{i,j,k}-(\varPhi_{of})_{i,j,k-1}}{z_k-z_{k-1}}}{z_{k+1/2}-z_{k-1/2}} \tag{7.54}$$

$$-(\tau_{omf})_{i,j,k}-(q_o)_{i,j,k}=\frac{1}{\Delta t}\left[\left(\frac{\varphi_f S_{of}}{B_{of}}\right)^{n+1}_{i,j,k}-\left(\frac{\varphi_f S_{of}}{B_{of}}\right)^{n}_{i,j,k}\right]$$

方程两端同乘以 $(x_{i+1/2}-x_{i-1/2})(y_{j+1/2}-y_{j-1/2})(z_{k+1/2}-z_{k-1/2})$，并整理方程，得

$$(T_{oxf})_{i+1/2,j,k}\left[(\varPhi_{of})_{i+1,j,k}-(\varPhi_{of})_{i,j,k}\right]-(T_{oxf})_{i-1/2,j,k}\left[(\varPhi_{of})_{i,j,k}-(\varPhi_{of})_{i-1,j,k}\right]$$

$$+(T_{oxf})_{i,j+1/2,k}\left[(\varPhi_{of})_{i,j+1,k}-(\varPhi_{of})_{i,j,k}\right]-(T_{oxf})_{i,j-1/2,k}\left[(\varPhi_{of})_{i,j,k}-(\varPhi_{of})_{i,j-1,k}\right]$$

$$+(T_{oxf})_{i,j,k+1/2}\left[(\varPhi_{of})_{i,j,k+1}-(\varPhi_{of})_{i,j,k}\right]-(T_{oxf})_{i,j,k-1/2}\left[(\varPhi_{of})_{i,j,k}-(\varPhi_{of})_{i,j,k-1}\right] \tag{7.55}$$

$$-V_{i,j,k}(\tau_{omf})_{i,j,k}-V_{i,j,k}(q_o)_{i,j,k}=\frac{V_{i,j,k}}{\Delta t}\left[\left(\frac{\varphi_f S_{of}}{B_{of}}\right)^{n+1}_{i,j,k}-\left(\frac{\varphi_f S_{of}}{B_{of}}\right)^{n}_{i,j,k}\right]$$

其中，

$$(T_{oxf})_{i+1/2,j,k}=\frac{(y_{j+1/2}-y_{j-1/2})(z_{k+1/2}-z_{k-1/2})}{x_{i+1}-x_i}\left(\frac{k_{xf}k_{rof}}{\mu_{of}B_{of}}\right)_{i+1/2,j,k}$$

$$(T_{oxf})_{i-1/2,j,k}=\frac{(y_{j+1/2}-y_{j-1/2})(z_{k+1/2}-z_{k-1/2})}{x_i-x_{i-1}}\left(\frac{k_{xf}k_{rof}}{\mu_{of}B_{of}}\right)_{i-1/2,j,k}$$

$$(T_{oyf})_{i,j+1/2,k}=\frac{(x_{i+1/2}-x_{i-1/2})(z_{k+1/2}-z_{k-1/2})}{y_{j+1}-y_j}\left(\frac{k_{yf}k_{rof}}{\mu_{of}B_{of}}\right)_{i,j+1/2,k}$$

$$(T_{oyf})_{i,j-1/2,k}=\frac{(x_{i+1/2}-x_{i-1/2})(z_{k+1/2}-z_{k-1/2})}{y_j-y_{j-1}}\left(\frac{k_{yf}k_{rof}}{\mu_{of}B_{of}}\right)_{i,j-1/2,k} \tag{7.56}$$

$$(T_{ozf})_{i,j,k+1/2}=\frac{(x_{i+1/2}-x_{i-1/2})(y_{j+1/2}-y_{j-1/2})}{z_{k+1}-z_k}\left(\frac{kzk_{rof}}{\mu_{of}B_{of}}\right)_{i,j,k+1/2}$$

$$(T_{ozf})_{i,j,k-1/2}=\frac{(x_{i+1/2}-x_{i-1/2})(z_{k+1/2}-z_{k-1/2})}{z_k-z_{k-1}}\left(\frac{k_{zf}k_{rof}}{\mu_{of}B_{of}}\right)_{i,j,k-1/2}$$

$$V_{i,j,k}=(x_{i+1/2}-x_{i-1/2})(y_{j+1/2}-y_{j-1/2})(z_{k+1/2}-z_{k-1/2})$$

式中，$(T_{oxf})_{i+1/2,j,k}$——裂缝网格块 (i,j,k) 的右边界上在 x 方向对油的传导率；

$V_{i,j,k}$——网格块 (i, j, k) 的体积；

i、j、k——脚标代表网格节点位置；

n、$n+1$——上标分别代表 n 时刻和 $n+1$ 时刻。

现定义：

$$\begin{cases} \Delta_x T_{oxf} \Delta_x \Phi_{of} = (T_{oxf})_{i+1/2,j,k} \left[(\Phi_{of})_{i+1,j,k} - (\Phi_{of})_{i,j,k} \right] - (T_{oxf})_{i-1/2,j,k} \left[(\Phi_{of})_{i,j,k} - (\Phi_{of})_{i-1,j,k} \right] \\ \Delta_y T_{oyf} \Delta_y \Phi_{of} = (T_{oyf})_{i,j+1/2,k} \left[(\Phi_{of})_{i,j+1,k} - (\Phi_{of})_{i,j,k} \right] - (T_{oyf})_{i,j-1/2,k} \left[(\Phi_{of})_{i,j,k} - (\Phi_{of})_{i,j-1,k} \right] \\ \Delta_z T_{ozf} \Delta_z \Phi_{of} = (T_{ozf})_{i,j,k+1/2} \left[(\Phi_{of})_{i,j,k+1} - (\Phi_{of})_{i,j,k} \right] - (T_{ozf})_{i,j,k-1/2} \left[(\Phi_{of})_{i,j,k} - (\Phi_{of})_{i,j,k-1} \right] \\ \Delta T_{of} \Delta \Phi_{of} = \Delta_x T_{oxf} \Delta_x \Phi_{of} + \Delta_y T_{oyf} \Delta_y \Phi_{of} + \Delta_z T_{ozf} \Delta_z \Phi_{of} \end{cases} \tag{7.57}$$

于是，方程可以简写为

$$\Delta T_{of} \Delta \Phi_{of} - V_{i,j,k} (\tau_{omf})_{i,j,k} - V_{i,j,k} (q_o)_{i,j,k} = \frac{V_{i,j,k}}{\Delta t} \left[\left(\frac{\varphi_f S_{of}}{B_{of}} \right)_{i,j,k}^{n+1} - \left(\frac{\varphi_f S_{of}}{B_{of}} \right)_{i,j,k}^{n} \right] \tag{7.58}$$

同理，可推导得裂缝系统水相差分方程：

$$\Delta T_{wf} \Delta \Phi_{wf} - V_{i,j,k} (\tau_{wmf})_{i,j,k} - V_{i,j,k} (q_w)_{i,j,k} = \frac{V_{i,j,k}}{\Delta t} \left[\left(\frac{\varphi_f S_{wf}}{B_{wf}} \right)_{i,j,k}^{n+1} - \left(\frac{\varphi_f S_{wf}}{B_{wf}} \right)_{i,j,k}^{n} \right] \tag{7.59}$$

基质系统中油相的差分方程为

$$(\tau_{omf})_{i,j,k} = \frac{V_{i,j,k}}{\Delta t} \left[\left(\frac{\varphi_f S_{of}}{B_{of}} \right)_{i,j,k}^{n+1} - \left(\frac{\varphi_f S_{of}}{B_{of}} \right)_{i,j,k}^{n} \right] \tag{7.60}$$

基质系统中水相的差分方程为

$$(\tau_{wmf})_{i,j,k} = \frac{V_{i,j,k}}{\Delta t} \left[\left(\frac{\varphi_f S_{wf}}{B_{wf}} \right)_{i,j,k}^{n+1} - \left(\frac{\varphi_f S_{wf}}{B_{wf}} \right)_{i,j,k}^{n} \right] \tag{7.61}$$

2. 差分方程组线性化

求解流动方程的第二步是把非线性方程组线性化，变成线性方程组（即求解有限差分方程组）。目前使用的非线性方程组线性化方法主要有 IMPES、半隐式、全隐式、SEQ和自适应隐式等等。

IMPES 是指压力方程用隐式方法求解，饱和度方程用显式求解，属于 Sequencial 方法中的一种，即压力、饱和度交替求解。这种方法的优点是使用内存较小，方法简便，计算速度相对较快。IMPES 方法通常是做典型油气藏研究时最经济的方法，即求解速度快，稳定性好。同时，IMPES 方法也是使用最广的方法。故本书选用 IMPES 方法对方程组进行线性化处理。

1）IMPES 求解思路

由于在 IMPES 方法中是采用隐压显饱的方法交替求解，故在计算中方程左端系数项均取上一时间步值，而等式右端项按泰勒级数展开，取一阶小量。通过方程合并，对每个节点得到只有压力增量一个变量的压力方程。把所有节点的压力方程作为联立方程组求解，解出压力之后，再用剩余方程显式地求出饱和度增量。

2）方程左端项展开

在展开前先需要做几点约定。$\delta x = x^{n+1} - x^n$，即 δx 表示变量 x 在一定时间段内的变化。

在 IMPES 方法中，我们假设在一时间段内毛管力 p_c 为常数，即 $\delta p_c = 0$，从而有

$$\delta p_w = \delta p_w + \delta p_{cow} = \delta p_o = \delta p \tag{7.62}$$

同时我们假定在一时间段内启动压力梯度为常数，即

$$\delta \lambda_w = \delta \lambda_o = 0 \tag{7.63}$$

势函数 Φ 在某一时间步的增量为

$$
\begin{aligned}
\Phi_w^{n+1} - \Phi_w^n &= (p_w - \gamma_w D - \lambda_w L)^{n+1} - (p_w - \gamma_w D - \lambda_w L)^n \\
&= (p_o - p_{cow} - \gamma_w D - \lambda_w L)^{n+1} - (p_o - p_{cow} - \gamma_w D - \lambda_w L)^n \\
&\approx p_o^{n+1} - p_o^n = \delta p_o
\end{aligned}
\tag{7.64}
$$

即

$$\Phi_w^{n+1} = \Phi_w^n + \delta p_o \tag{7.65}$$

同理

$$\Phi_o^{n+1} = \Phi_o^n + \delta p_o \tag{7.66}$$

现在以水相方程 x 方向为例对流动方程左端项进行展开，我们可以得到

$$
\begin{aligned}
&(T_w)_{i+\frac{1}{2},j,k}\left[(\Phi_w)_{i+1,j,k}^{n+1} - (\Phi_w)_{i,j,k}^{n+1}\right] - (T_w)_{i-\frac{1}{2},j,k}\left[(\Phi_w)_{i,j,k}^{n+1} - (\Phi_w)_{i-1,j,k}^{n+1}\right] \\
&= (T_w)_{i+\frac{1}{2},j,k}\left[(\Phi_w)_{i+1,j,k}^n - (\Phi_w)_{i,j,k}^n + \delta p_{i+1} - \delta p_i\right] \\
&\quad -(T_w)_{i-\frac{1}{2},j,k}\left[(\Phi_w)_{i,j,k}^n - (\Phi_w)_{i-1,j,k}^n + \delta p_i - \delta p_{i-1}\right]
\end{aligned}
\tag{7.67}
$$

在 y, z 方向也进行同样处理，对于气相方程的达西项可按类似的方法展开。

我们将 $\Delta T_l \Delta(\delta x)$（$l = o, w$）的展开式写为 $\Delta T_l \Delta(\delta x) = \sum\limits_{6e} T_{lu}(\delta x_e - \delta x_i)$，即

$$
\begin{aligned}
\Delta T_l \Delta(\delta x) &= T_{lT}\delta x_{k-1} + T_{lN}\delta x_{j-1} + T_{lW}\delta x_{i-1} + T_{lB}\delta x_{k+1} + T_{lS}\delta x_{j+1} + T_{lE}\delta x_{i+1} \\
&\quad - (T_{lT} + T_{lN} + T_{lW} + T_{lB} + T_{lS} + T_{lE})\delta x = \sum\limits_{6e} T_{lu}(\delta x_e - \delta x_i)
\end{aligned}
\tag{7.68}
$$

这里，字母 N、S、E、W、T、B 表示相对于中心网格节点 (i, j, k) 相邻节点的位置。

$$
\begin{cases}
x = x_{i,j,k} \\
x_{i\pm1} = x_{i\pm1,j,k} \\
x_{j\pm1} = x_{i,j\pm1,k} \\
x_{k\pm1} = x_{i,j,k\pm1} \\
T_{lN} = (T_l)_{i,j+1/2,k} \\
T_{lS} = (T_l)_{i,j-1/2,k} \\
T_{lE} = (T_l)_{i+1/2,j,k} \\
T_{lW} = (T_l)_{i-1/2,j,k} \\
T_{lB} = (T_l)_{i,j,k+1/2} \\
T_{lT} = (T_l)_{i,j,k-1/2}
\end{cases}
\tag{7.69}
$$

这样，对水方程左端展开有

$$
\sum_{6e}\left[T_{wu}(\delta p_e - \delta p_i) + T_{wu}(\Phi_{we}^n - \Phi_{wi}^n) \right] + \tau_{wmf} + q_w
\tag{7.70}
$$

对油方程有

$$
\sum_{6e}\left[T_{ou}(\delta p_e - \delta p_i) + T_{ou}(\Phi_{oe}^n - \Phi_{oi}^n) \right] + \tau_{omf} + q_o
\tag{7.71}
$$

式中，i——本节点下标；

e——邻节点下标；

$\displaystyle\sum_{6e}$——表示对上、下、左、右、前、后 6 个节点求和；

u——表示根据上游权原则确定传导率值，即取本点和邻点中势高的那点饱和度值，来计算本点和邻点间的传导率值；

T_w, T_o——分别表示水、油在本节点间的流动的传导率。

3）方程右端项展开

在展开前需要对模型参数做几点说明：约定 $\rho_l = (\rho_l)_o \exp[-C_l(p_o - p_l)]$　($l = g, w$)，则有，$\dfrac{\partial \rho_l}{\partial p_l} = \rho_l C_l$；孔隙度 φ 是压力的指数函数，即 $\varphi = \varphi_o \exp[-C_f(p_o - p)]$，故有：

$\dfrac{\partial \varphi}{\partial p} = \varphi C_f$；在展开过程中，经常用到数值分析中一个相容表达式：

$$
\delta(ab) = a^{n+1}\delta b + b^n \delta a
\tag{7.72}
$$

对油、水方程的右端项分别展开有

$$
\begin{aligned}
\frac{V}{\Delta t}\delta(\varphi \rho_o s_o) &= DG\delta s_o + EG\delta p \\
\frac{V}{\Delta t}\delta(\varphi \rho_w s_w) &= DW\delta s_w + EW\delta p
\end{aligned}
\tag{7.73}
$$

其中：

$$
DG = \frac{V}{\Delta t}\varphi^{n+1}\rho_o^{n+1};\ \ EG = \frac{V}{\Delta t}\varphi^{n+1}\rho_o^n s_o^n (C_o + C_f)
\tag{7.74}
$$

$$DW = \frac{V}{\Delta t}\varphi^{n+1}\rho_{\mathrm{w}}^{n+1}; \quad EW = \frac{V}{\Delta t}\varphi^{n+1}\rho_{\mathrm{w}}^{n}s_{\mathrm{w}}^{n}(C_{\mathrm{w}}+C_{\mathrm{f}}) \tag{7.75}$$

4）最终线性化方程组

$$\sum_{6e}\left[T_{\mathrm{w}u}(\delta p_{e}-\delta p_{i})+T_{\mathrm{w}u}(\Phi_{\mathrm{we}}^{n}-\Phi_{\mathrm{wi}}^{n})\right]+\tau_{\mathrm{wmf}}+q_{\mathrm{w}}=DW\delta s_{\mathrm{w}}+EW\delta p \tag{7.76}$$

$$\sum_{6e}\left[T_{\mathrm{o}u}(\delta p_{e}-\delta p_{i})+T_{\mathrm{o}u}(\Phi_{\mathrm{oe}}^{n}-\Phi_{\mathrm{oi}}^{n})\right]+\tau_{\mathrm{omf}}+q_{\mathrm{o}}=DW\delta s_{\mathrm{o}}+EW\delta p \tag{7.77}$$

7.1.6　数值模型求解

第三步是求解线性方程组，即求解前面提到的系数矩阵。在油藏模拟中，求解线性方程组的技术大致可以分为两种，一种是直接法，另一种是迭代法。

直接法具有可靠性大的优点，但其所需存储量大，且随着方程数目的增加成正比地增加。对于大型的多相问题，直接解法会有舍入误差问题。

迭代法与直接法相反，是间接的。其主要优点是要求存储空间小，迭代法除了差分方程的系数外，几乎不再要存储量，因此对于大型系统使用就很方便。迭代法的主要缺点是对求解的问题及与问题有关的参数很敏感。对某些困难问题，某些迭代方法收敛很慢，以致不能使用。只有适当选择迭代方法和迭代参数后，才可以迭代求解给定的问题。

采用超松弛方法中的逐次线松弛（line successive over relaxation，LSOR）迭代求解线性方程组。线松弛方法是在油藏模拟中应用最多、使用最早的一种方法。

7.2　渗吸-驱替双重渗流数值模拟研究

7.2.1　渗吸-驱替双重渗流机制

小孔隙以渗吸作用为主，大孔隙以驱替作用为主，但由于致密油储层岩心样品的微观孔隙结构复杂，且渗吸-驱替过程中流体流动方向受微观孔喉润湿性影响，因此渗吸法与驱替法的可动流体分布没有严格的孔隙尺寸界限。随着渗吸-驱替过程的深入，最初渗吸作用阶段的注入水沿小孔隙进入基质系统，水驱前缘逐步由小孔隙进入与其连通的中-小孔隙并发生渗吸作用；而最初驱替作用阶段的注入水沿大孔隙进入基质系统，水驱前缘逐步过渡至与其连通的中-小孔隙，从而在大孔隙与中-小孔隙之间由于压力差发生渗吸-驱替作用。

随着驱替速度的增加，渗吸驱油效率先升高后降低，存在最佳驱替速度使得渗吸驱油效率达到最高，且该驱替速度随着岩心渗透率的降低而减小。最佳驱替速度下毛管力和黏性力二者协同驱油效果最好。当驱替速度小于最佳驱替速度时，毛管力发挥主要作用，小孔隙原油更容易被采出；当驱替速度大于最佳驱替速度时，压差驱动发挥主要作用，大孔隙原油更容易被采出。因此存在一个最佳驱替速度可最大限度地驱替出孔隙中的原油。

7.2.2　模型参数场

为了研究在开采时渗吸作用中受哪些因素的影响，本书进行了渗吸数值模拟敏感性评价研究。主要考虑以下 5 个方面的影响：地层压力、基质渗透率、裂缝渗透率、注水量与注入方式。根据研究目的的不同，分别制定了 22 种不同的模拟方案，各模型均为 $10 \times 10 \times 1$ 的一注一采系统。

数值模拟基础数据来源于延长油田杏子川油区长 6 储层，该区储层为超低渗、特低渗岩性储层，原油黏度为 6mPa·s，饱和度为 0.5，原始地层压力为 10MPa，孔隙度为 8%，基质渗透率在 x、y 方向为 1mD，在 z 方向上为 0.1mD，裂缝渗透率为 50mD（图 7.1，表 7.1）。

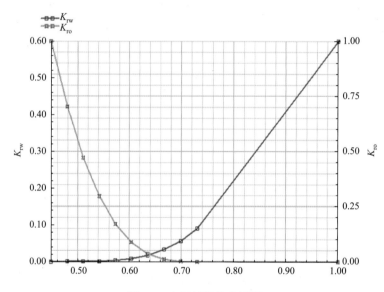

图 7.1　杏子川相渗曲线图

表 7.1　杏子川 PVT 数据表

P 压力/MPa	R_S 溶解气油比/(m³/m³)	B_o 地层油体积系数	e_g 膨胀系数	μ_o /(mPa·s)	μ_g /(mPa·s)
0.1013	2.11798	1.009819	1.0139	5.970033	0.009523
0.1692	2.75838	1.009765	1.01544	5.976824	0.009536
0.2371	3.42528	1.00971	1.01706	5.983615	0.00955
0.3050	4.11513	1.009656	1.01875	5.990406	0.009566
0.3729	4.8253	1.009602	1.0205	5.997197	0.009582
0.4408	5.55375	1.009547	1.02231	6.003988	0.009599
0.5087	6.29884	1.009493	1.02417	6.01078	0.009617
0.5767	7.05926	1.009439	1.02608	6.017571	0.009635
0.6446	7.83388	1.009384	1.02804	6.024362	0.009655

P 压力/MPa	R_S 溶解气油比/(m³/m³)	B_o 地层油体积系数	e_g 膨胀系数	μ_o /(mPa·s)	μ_g /(mPa·s)
0.7125	8.62176	1.00933	1.03004	6.031153	0.009674
0.7804	9.42209	1.009276	1.0334	6.037944	0.009695
0.8483	10.2342	1.009221	1.0358	6.044735	0.009715
0.9162	11.0573	1.009167	1.0412	6.051527	0.009737
0.9841	11.8911	1.009113	1.04849	6.058318	0.009759
1.0520	12.7349	1.009058	1.0539	6.065109	0.009781
1.120	13.5883	1.009004	1.0596	6.0719	0.009804
1.696	27.1649	1.008543	1.11347	6.1295	0.010021
2.272	31.2763	1.008082	1.13347	6.1871	0.010275
2.848	39.3979	1.007622	1.19347	6.2447	0.010571
3.424	47.5195	1.007161	1.25347	6.3023	0.010914
4.000	55.6411	1.0067	1.26347	6.3599	0.011015
5.000	69.7411	1.0059	1.27347	6.4599	0.011274
6.000	83.8411	1.0051	1.27547	6.5599	0.011312

模型示意图如图 7.2 所示。

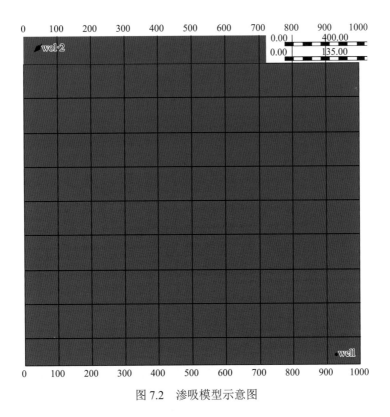

图 7.2 渗吸模型示意图

各方案模型参数场数据如表 7.2 所示。

表 7.2　各方案参数场数据表

方案考虑因素	案例	压力/MPa	日注水量/(m³/d)	基质渗透率/mD	K_f/K_m	裂缝渗透率/mD	原油黏度/mPa·s	毛管力倍数	含油饱和度	裂缝间距/m	相渗曲线	累计产量/m³	无渗吸累计产量/m³	渗吸提升采收率/%
K_f/K_m	1-1	2.5	10	0.1	5	0.5	1.5	1	0.45	10	原始	485.66	223.842	0.2608
	1-2	2.5	10	0.1	10	1	1.5	1	0.45	10	原始	1128.49	452.288	0.6737
	1-3	2.5	10	0.1	15	1.5	1.5	1	0.45	10	原始	1804.44	678.155	1.1222
	1-4	2.5	10	0.1	20	2	1.5	1	0.45	10	原始	2506.68	901.469	1.5994
	1-5	2.5	10	0.1	50	5	1.5	1	0.45	10	原始	5478.36	1841.73	3.6235
	1-6	2.5	10	0.1	100	10	1.5	1	0.45	10	原始	7241.64	2311.19	4.9127
	1-7	2.5	10	0.1	150	15	1.5	1	0.45	10	原始	7741.90	2485.66	5.2373
	1-8	2.5	10	0.1	200	20	1.5	1	0.45	10	原始	7829.13	2573.05	5.2372
压力（基质渗透率为0.1mD）	2-1	1.5	10	0.1	150	15	1.5	1	0.45	10	原始	7423.63	2315.98	5.09
	2-2	2.5	10	0.1	150	15	1.5	1	0.45	10	原始	7741.90	2463.23	5.26
	2-3	3	10	0.1	150	15	1.5	1	0.45	10	原始	7862.56	2521.25	5.33
	2-4	4	10	0.1	150	15	1.5	1	0.45	10	原始	8072.39	2675.73	5.37
	2-5	5	10	0.1	150	15	1.5	1	0.45	10	原始	8259.98	2831.52	5.40
	2-6	6	10	0.1	150	15	1.5	1	0.45	10	原始	8834.45	3066.39	5.71
	2-7	8	10	0.1	150	15	1.5	1	0.45	10	原始	9785.24	3591.04	6.12
	2-8	10	10	0.1	150	15	1.5	1	0.45	10	原始	10388.96	4126.24	6.16
基质渗透率	3-1	4	10	0.01	150	1.5	1.5	1	0.45	10	原始	1375.25	792.369	0.5817
	3-2	4	10	0.1	150	15	1.5	1	0.45	10	原始	8070.18	2787.03	5.2726
	3-3	4	10	0.5	150	75	1.5	1	0.45	10	原始	12654.80	2750.79	9.8842
	3-4	4	10	1	150	150	1.5	1	0.45	10	原始	17202.90	3428.94	13.7464
	3-5	4	10	1.5	150	225	1.5	1	0.45	10	原始	19137.00	3414.89	15.6907

续表

方案考虑因素	案例	压力/MPa	日注水量/(m³/d)	基质渗透率/mD	K_f/K_m	裂缝渗透率/mD	原油黏度/mPa·s	毛管力倍数	含油饱和度	裂缝间距/m	相渗曲线	累计产量/m³	无渗吸累计产量/m³	渗吸提升采收率/%
原油黏度	4-1	4	10	1	150	150	1.5	1	0.45	10	原始	23329.70	3468.39	20.0212
	4-2	4	10	1	150	150	2.5	1	0.45	10	原始	21126.80	3587.82	17.5039
	4-3	4	10	1	150	150	4.5	1	0.45	10	原始	18757.90	3493.61	15.2338
	4-4	4	10	1	150	150	6.5	1	0.45	10	原始	17202.90	3428.94	13.7464
压力（基质渗透率为 1mD）	5-1	0.5	10	1	150	150	1.5	1	0.45	10	原始	16177.20	2419.52	13.6987
	5-2	1	10	1	150	150	1.5	1	0.45	10	原始	16974.30	2501.64	14.4553
	5-3	2	10	1	150	150	1.5	1	0.45	10	原始	17366.10	2746.97	14.5899
	5-4	3	10	1	150	150	1.5	1	0.45	10	原始	18025.30	3066	14.8893
	5-5	4	10	1	150	150	1.5	1	0.45	10	原始	18619.20	3428.94	15.0294
	5-6	5	10	1	150	150	1.5	1	0.45	10	原始	19213.60	3699.14	15.3974
	5-7	6	10	1	150	150	1.5	1	0.45	10	原始	19327.90	3775.51	15.5399
	5-8	7	10	1	150	150	1.5	1	0.45	10	原始	20018.10	4191.31	15.6576
	5-9	8	10	1	150	150	1.5	1	0.45	10	原始	20255.70	4327.17	15.8162
毛管力	6-1	8	10	1	150	150	1.5	1	0.45	10	原始	17924.67	4374.84	13.3838
	6-2	8	10	1	150	150	1.5	2	0.45	10	原始	21532.50	4374.84	17.1234
	6-3	8	10	1	150	150	1.5	5	0.45	10	原始	26451.10	4374.84	22.0321
含油饱和度	7-1	8	10	1	150	150	1.5	1	0.45	10	原始	17924.67	4374.84	13.5227
	7-2	8	10	1	150	150	1.5	1	0.55	10	原始	26381.30	5140.68	18.1203
	7-3	8	10	1	150	150	1.5	1	0.65	10	原始	36118.20	5831.87	21.8626
	7-4	8	10	1	150	150	1.5	1	0.75	10	原始	43884.00	6516.44	23.3766

续表

方案考虑因素	案例	压力/MPa	日注水量/(m³/d)	基质渗透率/mD	K_f/K_m	裂缝渗透率/mD	原油黏度/mPa·s	毛管力倍数	含油饱和度	裂缝间距/m	相渗曲线	累计产量/m³	无渗吸累计产量/m³	渗吸提升采收率/%
裂缝间距	8-1	8	10	1	150	150	1.5	1	0.45	10	原始	53480.20	5127.62	41.2494
	8-2	8	10	1	150	150	1.5	1	0.45	20	原始	51385.30	5134.4	39.4564
	8-3	8	10	1	150	150	1.5	1	0.45	30	原始	49248.20	5137.56	37.6306
	8-4	8	10	1	150	150	1.5	1	0.45	40	原始	45077.60	5139.36	34.0711
	8-5	8	10	1	150	150	1.5	1	0.45	50	原始	37126.00	5141.47	27.2858
	8-6	8	10	1	150	150	1.5	1	0.45	100	原始	26381.30	5140.68	18.1203
相渗曲线	9-1	8	10	1	150	150	1.5	1	0.45	10	右移	42562.98	5140.68	31.9248
	9-2	8	10	1	150	150	1.5	1	0.45	10	原始	26381.30	5140.76	18.1202
	9-3	8	10	1	150	150	1.5	1	0.45	10	左移	5790.22	2879.16	2.4834
注入量	10-1	10	5	1	50	50	1.5	1	0.45	10	原始	23733.22	4634.8486	16.22
	10-2	10	8	1	50	50	1.5	1	0.45	10	原始	25233.32	4833.6807	17.32
	10-3	10	10	1	50	50	1.5	1	0.45	10	原始	25733.75	4889.6226	17.7
	10-4	10	15	1	50	50	1.5	1	0.45	10	原始	26383.29	4942.8872	18.21
	10-5	10	20	1	50	50	1.5	1	0.45	10	原始	26621.19	4948.2251	18.4

7.2.3　裂缝渗透率与基质渗透率比值变化对渗吸作用的影响

方案一为考虑裂缝渗透率与基质渗透率比值变化对渗吸影响的方案，其中地层压力均为 2.5MPa，基质孔隙度为 0.17，裂缝孔隙度为 0.001，基质渗透率为 0.1mD，裂缝渗透率分别为 0.5mD、1mD、1.5mD、2mD、5mD、10mD、15mD、20mD，比值分别为 5 倍、10 倍、15 倍、20 倍、50 倍、100 倍、150 倍、200 倍，生产压差为 2MPa，日注入量分别为 10m^3/d，开采时间为 30 年，模拟结果如图 7.3 所示。

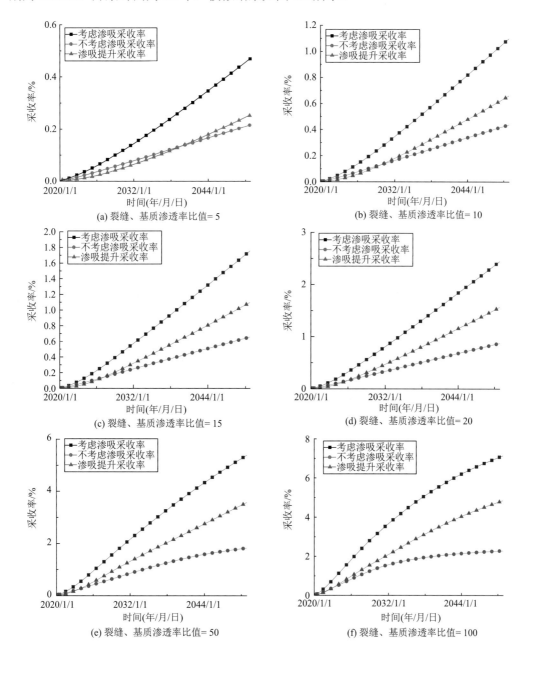

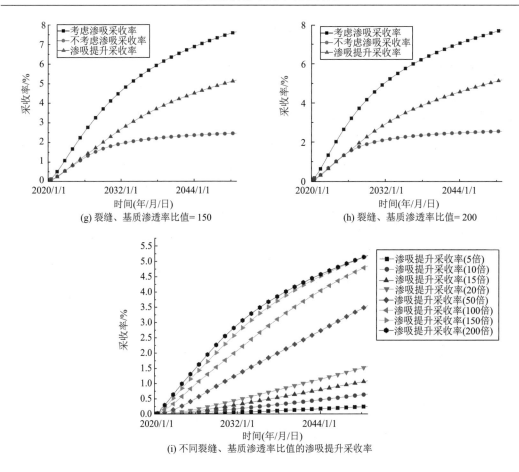

(g) 裂缝、基质渗透率比值= 150

(h) 裂缝、基质渗透率比值= 200

(i) 不同裂缝、基质渗透率比值的渗吸提升采收率

图 7.3 考虑裂缝渗透率与基质渗透率比值变化的采收率对比图

由图 7.3 可知，开采 30 年后，裂缝渗透率与基质渗透率比值分别为 5 倍、10 倍、15 倍、20 倍、50 倍、100 倍、150 倍、200 倍的模型采收率分别为 0.48%、1.12%、1.80%、2.50%、5.46%、7.22%、7.71%、7.80%，最终采收率由于渗吸作用分别提高了 0.26%、0.67%、1.12%、1.60%、3.62%、4.91%、5.24%、5.24%。从结果还可以得出裂缝渗透率与基质渗透率比值为 150 时渗吸作用的效果最好。

7.2.4　压力变化对渗吸作用的影响

方案二为压力变化对渗吸影响的方案，其中基质渗透率为 0.1mD，裂缝渗透率为 15mD，基质孔隙度为 0.17，裂缝孔隙度为 0.001，地层压力分别为 1.5MPa、2.5MPa、3MPa、4MPa、5MPa、6MPa、8MPa、10MPa、生产压差为 2MPa，日注入量均为 10m³/d，开采时间为 30 年，模拟结果如图 7.4 所示。

由图 7.4 可知，开采 30 年后，地层压力分别为 1.5MPa、2.5MPa、3MPa、4MPa、5MPa、6MPa、8MPa、10MPa 的模型采收率分别为 7.31%、7.62%、7.74%、7.95%、11.80%、8.31%、

8.72%、9.15%，最终采收率由于渗吸作用分别提高了 5.09%、5.26%、5.33%、5.37%、8.20%、5.71%、6.12%、6.16%。

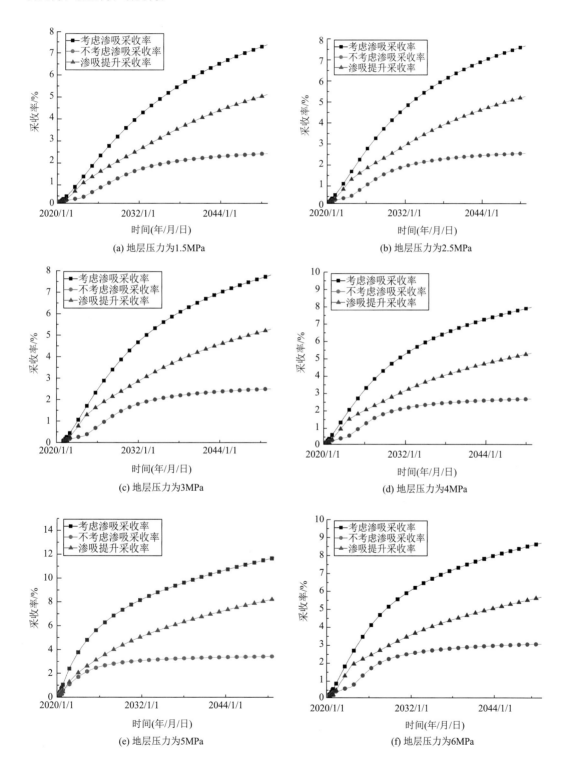

(a) 地层压力为1.5MPa

(b) 地层压力为2.5MPa

(c) 地层压力为3MPa

(d) 地层压力为4MPa

(e) 地层压力为5MPa

(f) 地层压力为6MPa

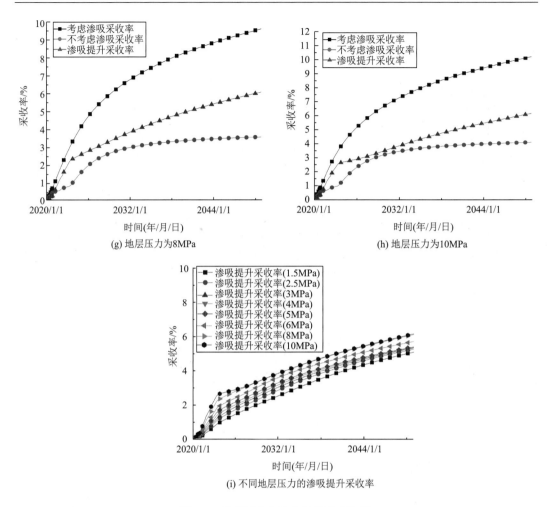

(g) 地层压力为8MPa

(h) 地层压力为10MPa

(i) 不同地层压力的渗吸提升采收率

图7.4 考虑压力变化的采收率对比图

7.2.5 基质渗透率对渗吸作用的影响

方案三为确定裂缝渗透率与基质渗透率比值为150后,基质渗透率变化对渗吸影响的方案,其中基质渗透率分别为0.01mD、0.1mD、1mD、1.5mD,裂缝渗透率为1.5mD、15mD、150mD、225mD,基质孔隙度为0.17,裂缝孔隙度为0.001,地层压力均为4MPa,生产压差为2MPa,日注入量为10m³/d,开采时间为30年,模拟结果如图7.5所示。

由图7.5可知,开采30年后,基质渗透率分别为0.01mD、0.1mD、1mD、1.5mD的模型采收率分别为1.37%、8.05%、17.2%、19.1%,最终采收率由于渗吸作用分别提高了0.582%、5.27%、13.75%、15.7%。

7.2.6 原油黏度对渗吸作用的影响

方案四为当基质渗透率为1mD、裂缝渗透率为150mD时,讨论原油黏度分别为

1mPa·s、2mPa·s、4mPa·s、6mPa·s 时的情况，地层压力均为 4MPa，生产压差为 2MPa，日注入量为 10m³/d，开采时间为 30 年，模拟结果如图 7.6 所示。

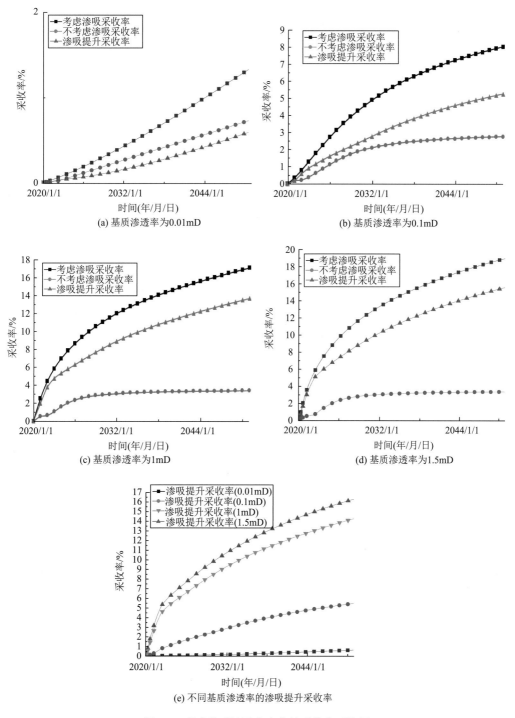

图 7.5　考虑基质渗透率变化的采收率对比图

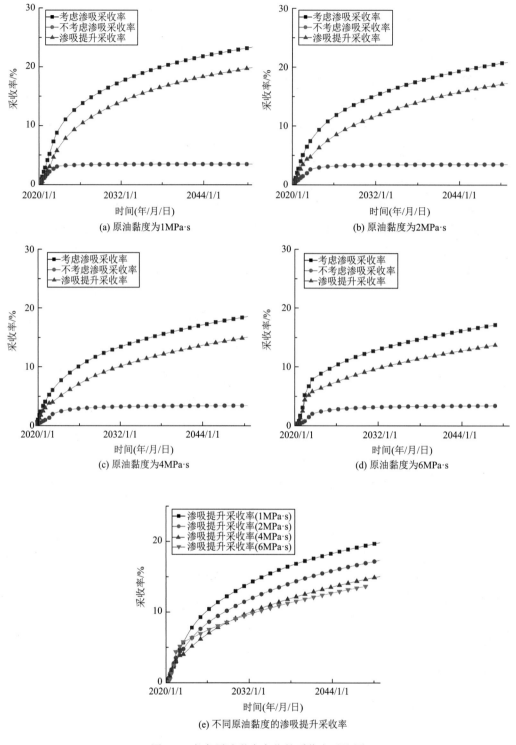

(a) 原油黏度为1MPa·s

(b) 原油黏度为2MPa·s

(c) 原油黏度为4MPa·s

(d) 原油黏度为6MPa·s

(e) 不同原油黏度的渗吸提升采收率

图 7.6　考虑原油黏度变化的采收率对比图

由图 7.6 可知，开采 30 年后，原油黏度分别为 1.5mPa·s、2.5mPa·s、4.5mPa·s、6mPa·s

的模型采收率分别为 23.5%、21.1%、18.7%、17.1%，最终采收率由于渗吸作用分别提高了 20.0%、17.5%、15.2%、13.7%。

7.2.7　基质渗透率为 1mD 时压力对渗吸作用的影响

方案五为注水量变化对渗吸影响的方案，其中基质渗透率为 1mD，裂缝渗透率为 150mD，基质孔隙度为 0.08，裂缝孔隙度为 0.001，日注入量为 $10m^3/d$，地层压力分别为 0.5MPa、1MPa、2MPa、3MPa、4MPa、5MPa、6MPa、7MPa、8MPa、生产压差为 5MPa，开采时间为 30 年，模拟结果如图 7.7 所示。

由图 7.7 可知，开采 30 年后，地层压力分别为 0.5MPa、1MPa、2MPa、3MPa、4MPa、5MPa、6MPa、7MPa、8MPa 的模型采收率分别为 15.1%、17.0%、17.3%、18.0%、18.4%、19.1%、19.3%、19.8%、20.1%，最终采收率由于渗吸作用分别提高了 13.7%、14.5%、14.6%、14.8%、15.0%、15.3%、15.5%、15.7%、15.8%。

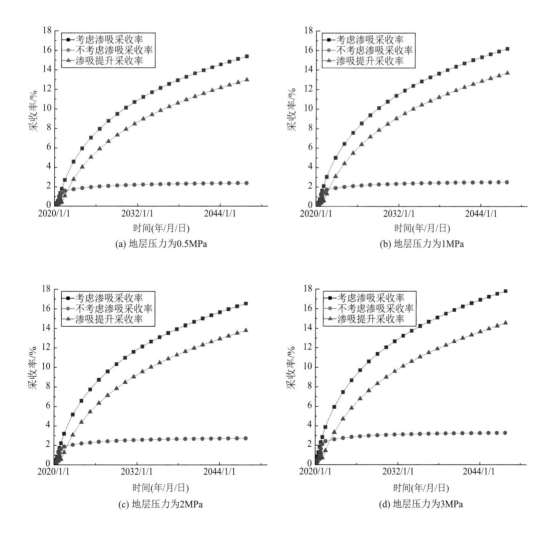

(a) 地层压力为0.5MPa

(b) 地层压力为1MPa

(c) 地层压力为2MPa

(d) 地层压力为3MPa

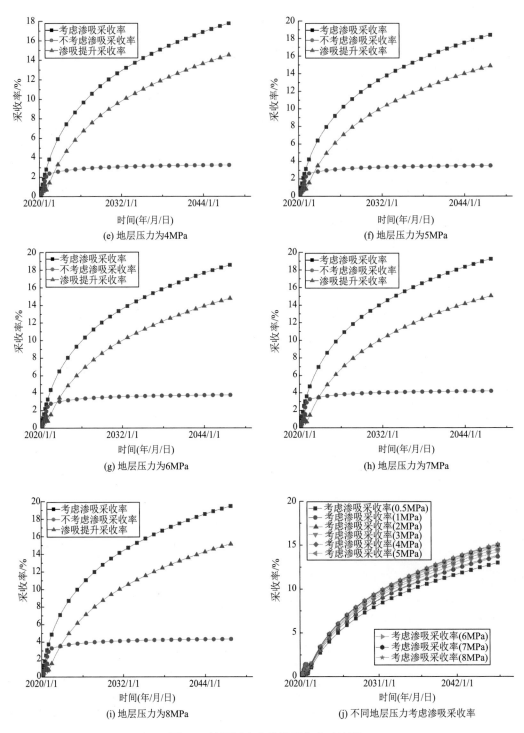

图 7.7　地层压力变化的采收率对比图

7.2.8　毛管力对渗吸作用的影响

方案六为毛管力大小对渗吸影响的方案，其中基质渗透率为 1mD，裂缝渗透率为 150mD，基质孔隙度为 0.17，裂缝孔隙度为 0.001，地层压力为 8MPa，日注入量为 10m³/d，毛管力分别为由压汞实验得到的原始毛管力、原始毛管力的 2 倍与 5 倍，开采时间 30 年，模拟结果如图 7.8 所示。

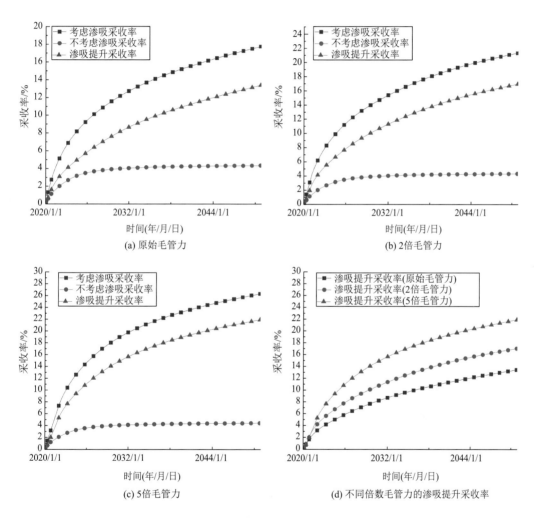

图 7.8　毛管力变化的采收率对比图

由图 7.8 可知，开采 30 年后，毛管力分别为原始毛管力、2 倍原始毛管力、5 倍原始毛管力的模型的采收率分别为 17.7%、21.4%、26.4%，最终采收率由于渗吸作用分别提升了 13.4%、17.1%、22.0%。

7.2.9　含油饱和度对渗吸作用的影响

　　方案七为含油饱和度大小对渗吸影响的方案，其中基质渗透率为 1mD，裂缝渗透率为 150mD，基质孔隙度为 0.17，裂缝孔隙度为 0.001，地层压力为 8MPa，日注入量为 10m³/d，含油饱和度分别为 0.45、0.55、0.65、0.75，开采时间为 30 年，模拟结果如图 7.9 所示。

　　由图 7.9 可知，开采 30 年后，含油饱和度分别为 0.45、0.55、0.65、0.75 的模型的采收率分别为 17.8%、22.5%、26.1%、27.4%，最终采收率由于渗吸作用分别提升了 13.5%、18.1%、21.9%、13.4%。

7.2.10　裂缝间距对渗吸作用的影响

　　方案八为裂缝间对渗吸影响的方案，其中基质渗透率为 1mD，裂缝渗透率为 150mD，基质孔隙度为 0.17，裂缝孔隙度为 0.001，地层压力为 8MPa，日注入量为 10m³/d，裂缝间距分别 10m、15m、20m、30m、50m、100m，开采时间 30 年，模拟结果如图 7.10 所示。

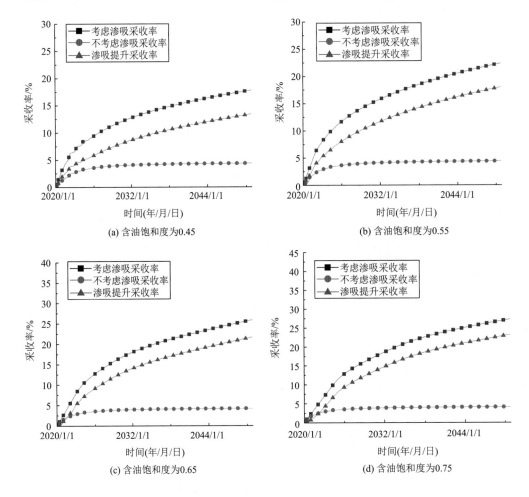

(a) 含油饱和度为0.45　　　　　　　　(b) 含油饱和度为0.55

(c) 含油饱和度为0.65　　　　　　　　(d) 含油饱和度为0.75

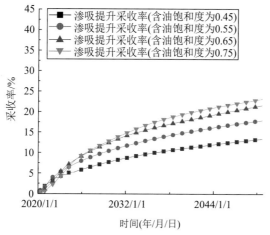

(e) 不同含油饱和度的渗吸提升采收率

图 7.9　含油饱和度变化的采收率对比图

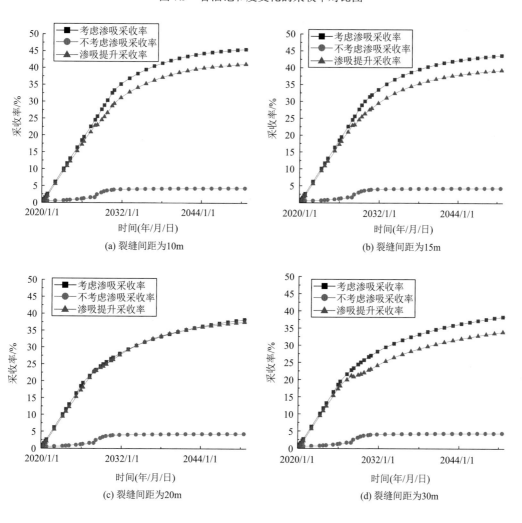

(a) 裂缝间距为10m

(b) 裂缝间距为15m

(c) 裂缝间距为20m

(d) 裂缝间距为30m

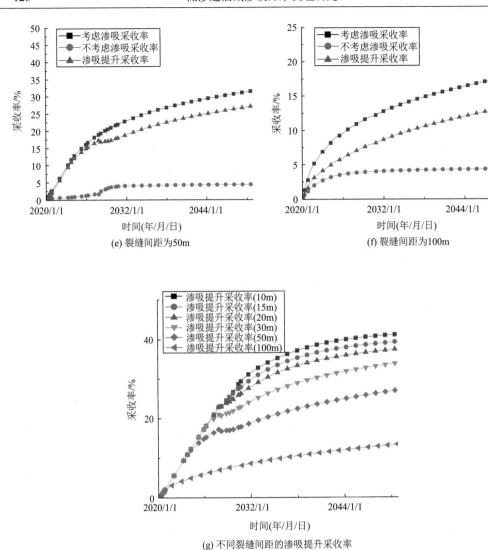

(e) 裂缝间距为50m

(f) 裂缝间距为100m

(g) 不同裂缝间距的渗吸提升采收率

图 7.10　裂缝间距变化的采收率对比图

由图 7.10 可知，开采 30 年后，裂缝间距分别 10m、15m、20m、30m、50m、100m 的模型的采收率分别为 45.6%、43.8%、37.5%、38.5%、31.7%、17.5%，最终采收率由于渗吸作用分别提升了 41.2%、39.5%、35.0%、34.0%、27.3%、13.1%。

7.2.11　相对渗透率曲线对渗吸作用的影响

方案九为相对渗透率曲线对渗吸影响的方案，其中基质渗透率为 1mD，裂缝渗透率为 150mD，基质孔隙度为 0.17，裂缝孔隙度为 0.001，地层压力为 8MPa，日注入量为 10m³/d，相对渗透率曲线分别在原始相对渗透率曲线的基础上右移、左移，开采时间 30 年，模拟结果如图 7.11 所示。

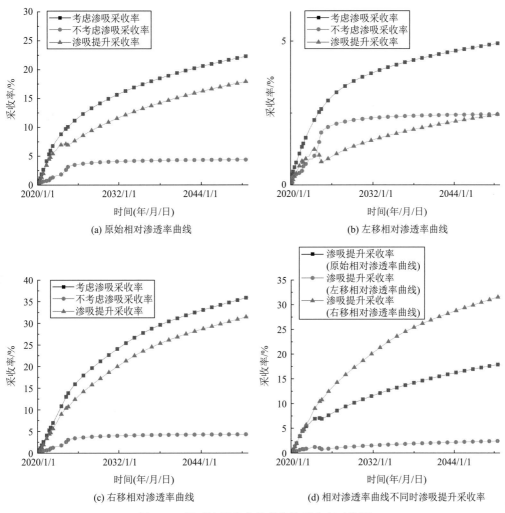

图 7.11 相对渗透率曲线变化的采收率对比图

由图 7.11 可知，开采 30 年后，相对渗透率曲线分别在原始相对渗透率曲线的基础上右移、不变、左移的模型的采收率分别为 36.3%、22.5%、4.94%，最终采收率由于渗吸作用分别提升了 31.9%、17.1%、2.48%。

7.2.12 注入量对渗吸作用的影响

方案十为注水量变化对渗吸影响的方案，其中日注入量分别为 $5m^3/d$、$8m^3/d$、$10m^3/d$、$15m^3/d$、$20m^3/d$，基质孔隙度为 0.08，裂缝孔隙度为 0.001，基质渗透率为 1mD，裂缝渗透率为 50mD，地层压力为 10MPa，生产压差为 5MPa，开采时间为 20 年，模拟结果如图 7.12 所示。

由图 7.12 可知，开采 20 年后，日注入量分别为 $5m^3/d$、$8m^3/d$、$10m^3/d$、$15m^3/d$、$20m^3/d$ 的模型采收率分别为 20.15%、21.42%、21.85%、22.40%、22.60%，最终采收率分别提升 16.22%、17.32%、17.7%、18.21%、18.4%。

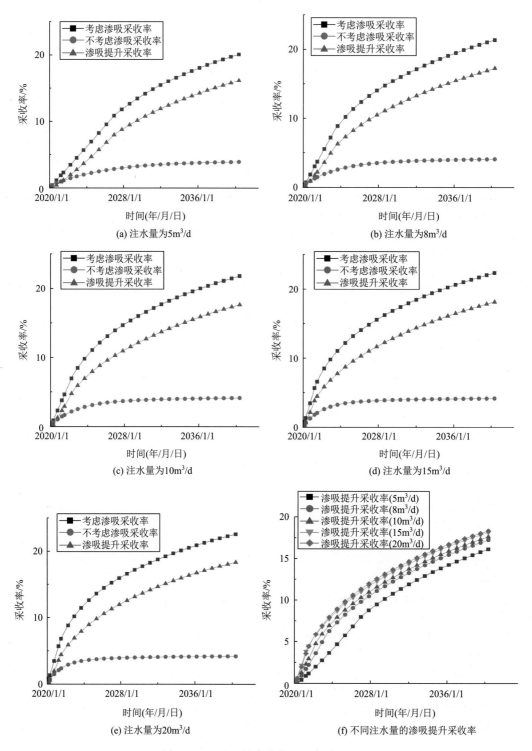

图 7.12　日注入量变化的累计产量对比图

参 考 文 献

[1] Aronofsky J S，Masse L，Natanson S G. A model for the mechanism of oil recovery from the porous matrix due to water invasion in fractured reservoirs[J]. Transactions of the AIME，1958，213（01）：17-19.

[2] Handy L L. Determination of effective capillary pressures for porous media from imbibition data[J]. Transactions of the AIME，1960，219（1）：75-80.

[3] Mattax C C，Kyte J R. Imbibition oil recovery from fractured，water-drive reservoir[J]. Society of Petroleum Engineers Journal，1962，2（2）：177-184.

[4] DuPrey L. Gravity and capillary effects during imbibition[J]. Soc. Pet. Eng. J，1978，18（6）：927-935.

[5] Cuiec L E，Bourbiaux B，Kalaydjian F. Imbibition in low-permeability porous media：understanding and improvement of oil recovery[J]. SPE/DOE，1990，20259：833-846.

[6] Schechter D S，Zhou D，Jr F M . Capillary Imbibition and Gravity Segregation in Low IFT Systems[J]. Infection & Immunity，1991.

[7] Cruz-Hernandez J，Perez-Rosales C. Imbibition as a dispersion process[C]//SPE Latin America Petroleum Engineering Conference. OnePetro，1992.

[8] Keijzer P P M，De Vries A S. Imbibition of surfactant solutions[J]. SPE Advanced Technology Series，1993，1（02）：110-113.

[9] Schechter D S，Zhou D，Orr Jr F M. Low IFT drainage and imbibition[J]. Journal of Petroleum science and Engineering，1994，11（4）：283-300.

[10] Babadagli T. Injection rate controlled capillary imbibition transfer in fractured systems[C]//SPE Annual Technical Conference and Exhibition. OnePetro，1994.

[11] Zeybek M，Gurakin G，Donmez A，et al. Effects of capillary heterogeneities on spontaneous imbibition[C]//SPE Annual Technical Conference and Exhibition. OnePetro，1995.

[12] Zhou X M，Torsaeter O，Xie X，et al. The effect of crude-oil aging time and temperature on the rate of water imbibition and long-term recovery by imbibition[J]. SPE Formation Evaluation，1995，10（4）：259-266.

[13] Al-Lawati S，Saleh S. Oil recovery in fractured oil reservoirs by low IFT imbibition process[C]//SPE Annual Technical Conference and Exhibition. OnePetro，1996.

[14] Zhang X，Morrow N R，Ma S. Experimental verification of a modified scaling group for spontaneous imbibition[J]. SPE Reservoir Engineering，1996，11（4）：280-285.

[15] Ma S X，Morrow N R，Zhang X. Generalized scaling of spontaneous imbibition data for strongly water-wet systems[J]. Journal of petroleum science and engineering，1997，18（3-4）：165-178.

[16] 傅秀娟，阎存章. 润湿程度、渗透率对吸渗排油作用地影响[J]. 新疆石油地质，1998（1）：79-80.

[17] 鄢捷年. 油藏岩石润湿性对注水过程中驱油效率的影响[J]. 中国石油大学学报（自然科学版），1998，22（3）：43-46 .

[18] 张红玲. 裂缝性油藏中的渗吸作用及其影响因素研究[J]. 油气采收率技术，1999，6（2）：44-48，6.

[19] Lee J，Kang J M. Oil recovery in a fracture of variable aperture with countercurrent imbibition：experimental Analysis[C]//SPE Annual Technical Conference and Exhibition. OnePetro，1999.

[20] 周娟，薛惠，郑德温，等. 裂缝油藏水驱油渗流机理[J]. 重庆大学学报（自然科学版），2000（S1）：65-67.

[21] Babadagli T. Scaling of cocurrent and countercurrent capillary imbibition for surfactant and polymer injection in naturally fractured reservoirs[J]. Spe Journal，2001，6（4）：465-478.

[22] Standnes D C. Experimental study of the impact of boundary conditions on oil recovery by co-current and counter-current spontaneous imbibition[J]. Energy & fuels，2004，18（1）：271-282.

[23] 杨正明，朱维耀，陈权，等. 低渗透裂缝性砂岩油藏渗吸机理及其数学模型[J]. 江汉石油学院学报，2001，23（增刊）：25-27.

[24] 华方奇，宫长路，熊伟，等. 低渗透砂岩油藏渗吸规律研究[J]. 大庆石油地质与开发，2003（3）：50-52，92.

[25] Babadagli T，Boluk Y. Evaluation of oil recovery performances of surfactants using organic conception diagrams[C]//Canadian International Petroleum Conference. OnePetro，2004.

[26] 殷代印，蒲辉，吴应湘. 低渗透裂缝油藏渗吸法采油数值模拟理论研究[J]. 水动力学研究与进展（A辑），2004（4）：440-445.

[27] Arihara N. Analysis of spontaneous capillary imbibition for improved oil recovery[C]//SPE Asia Pacific Oil and Gas Conference and Exhibition. OnePetro，2004.

[28] 袁士义，冉启全，胡永乐，等. 考虑裂缝变形的低渗透双重介质油藏数值模拟研究[J]. 自然科学进展，2005，15（1）：77-83.

[29] 唐海，吕栋梁，谢军，等. 川中大安寨裂缝性油藏渗吸注水实验研究[J]. 西南石油学院学报，2005（2）：41-44，6.

[30] Tavassoli Z，Zimmerman R W，Blunt M J. Analysis of counter-corrent imbibition with gravity in weakly water-wet systems [J].Journal of Petroleum Science and Enginneering，2005，48（1）：7-11.

[31] Yildiz H O，Gokmen M，Cesur Y. Effect of shape factor，characteristic length，and boundary conditions on spontaneous imbibition[J]. Journal of Petroleum Science and Engineering，2006，53（3-4）：158-170.

[32] Qasem F，Nashawi I S，Gharbi R，et al. Role of capillary imbibition in partially fractured reservoirs[C]//Canadian International Petroleum Conference. OnePetro，2006.

[33] Karimaie H，Torsæter O，Esfahani M R，et al. Experimental investigation of oil recovery during water imbibition[J]. Journal of Petroleum Science and Engineering，2006，52（1-4）：297-304.

[34] 李士奎，刘卫东，张海琴，等. 低渗透油藏自发渗吸驱油实验研究[J]. 石油学报，2007，28（2）：1099-112.

[35] 陈俊宁. 裂缝性低渗砂岩油藏渗吸驱油效果的影响因素分析[J]. 内蒙古石油化工，2007（4）：85-86.

[36] Hatiboglu C U，Babadagli T. Oil recovery by counter-current spontaneous imbibition：Effects of matrix shape factor，gravity，IFT，oil viscosity，wettability，and rock type[J]. Journal of Petroleum Science and Engineering，2007，59（1-2）：106-122.

[37] 王锐，岳湘安，尤源，等. 裂缝性低渗油藏周期注水与渗吸效应实验[J]. 西安石油大学学报（自然科学版），2007（6）：56-59，127-128.

[38] 马宁. 裂缝性低渗透油藏注水开发调整及有效缝长研究[J]. 内蒙古石油化工，2008，34（19）：76-79.

[39] 王家禄，刘玉章，陈茂谦，等. 低渗透油藏裂缝动态渗吸机理实验研究[J]. 石油勘探与开发，2009，36（1）：86-90.

[40] 周凤军，陈文明. 低渗透岩心渗吸实验研究[J]. 复杂油气藏，2009，2（1）：54-56.

[41] 张星，毕义泉，汪庐山，等. 低渗透砂岩油藏渗吸采油技术[J]. 辽宁工程技术大学学报（自然科学版），2009，28（S1）：153-155.

[42] 姚同玉，李继山，王建，等. 裂缝性低渗透油藏的渗吸机理及有利条件[J]. 吉林大学学报（工学版），

2009，39（4）：937-940.

[43] Al-Attar H H. Experimental study of spontaneous capillary imbibition in selected carbonate core sample[J]. Journal of Petroleum Science and Engineering，2010（70）：320-326.

[44] Hatiboglu C U，Babadagli T. Experimental and visual analysis of co-and counter-current spontaneous imbibition for different viscosity ratios，interfacial tensions，and wettabilities[J]. Journal of Petroleum Science and Engineering，2010，70（3-4）：214-228.

[45] 李爱芬，凡田友，赵琳. 裂缝性油藏低渗透岩心自发渗吸实验研究[J]. 油气地质与采收率，2011，18（5）：67-69，77.

[46] 李南，程林松，陈泓全，等. 超低渗透油藏注水方式研究[J]. 油气地质与采收率，2012，19（4）：78-80，116.

[47] Dehghanpour H，Zubair H A，Chhabra A，et al. Liquid intake of organic shales[J]. Energy & Fuels，2012，26（9）：5750-5758.

[48] 蔡建超，郁伯铭. 多孔介质自发渗吸研究进展[J]. 力学进展，2012，42（6）：735-754.

[49] 王希刚，宋学峰，姜宝益，等. 低渗透裂缝性油藏渗吸数值模拟研究[J]. 科学技术与工程，2013，13（7）：1952-1956.

[50] Mirzaei-Paiaman A，Masihi M. Scaling equations for oil/gas recovery from fractured porous media by counter-current spontaneous imbibition：from development to application[J]. Energy & Fuels，2013，27（8）：4662-4676.

[51] 程晓倩，刘华勋，熊伟，等. 新疆低渗透砂砾岩油藏自发渗吸实验研究[J]. 科学技术与工程，2013，13（26）：7793-7797.

[52] Roychaudhuri B，Tsotsis T T，Jessen K. An experimental investigation of spontaneous imbibition in gas shales[J]. Journal of Petroleum Science and Engineering，2013，111：87-97.

[53] 孟庆帮，刘慧卿，王敬. 天然裂缝性油藏渗吸规律[J]. 断块油气田，2014，21（3）：330-334.

[54] Akbarabadi M，Piri M. Nanotomography of the spontaneous imbibition in shale[C]//SPE/AAPG/SEG Unconventional Resources Technology Conference. OnePetro，2014.

[55] 李莉，孙波. 红山嘴油田低渗透油藏温和注水开发效果研究[J]. 内江科技，2015，36（2）：130-131，121.

[56] Hou B F，Wang Y F，Huang Y. Study of spontaneous imbibition of water by oil-wet sandstone cores using different surfactants[J]. Journal of Dispersion Science and Technology，2015，36（9）：1264-1273.

[57] 许建红，马丽丽. 低渗透裂缝性油藏自发渗吸渗流作用[J]. 油气地质与采收率，2015，22（3）：111-114.

[58] Meng Q，Liu H，Wang J. Entrapment of the non-wetting phase during co-current spontaneous imbibition[J]. Energy & Fuels，2015，29（2）：686-694.

[59] Meng Q，Liu H，Wang J，et al. Effect of wetting-phase viscosity on cocurrent spontaneous imbibition[J]. Energy & Fuels，2016，30（2）：835-843.

[60] 沈安琪，刘义坤，邱晓惠，等. 表面活性剂提高致密油藏渗吸采收率研究[J]. 油田化学，2016，33（4）：696-699.

[61] 韦青. 裂缝性致密砂岩储层渗吸机理及影响——以鄂尔多斯盆地吴起地区长 8 储层为例[J]. 油气地质与采收率，2016，4（23）：102-107.

[62] 韦青，李治平，白瑞婷，等. 微观孔隙结构对致密砂岩渗吸影响的试验研究[J]. 石油钻探技术，2016，44（5）：109-116.

[63] 李帅，丁云宏，孟迪，等. 考虑渗吸和驱替的致密油藏体积改造实验及多尺度模拟[J]. 石油钻采工艺，2016，38（5）：678-683.

[64] Lai F，Li Z，Wei Q，et al. Experimental investigation of spontaneous imbibition in a tight reservoir with nuclear magnetic resonance testing[J]. Energy & Fuels，2016，30（11）：8932-8940.

[65] 濮御，王秀宇，濮玲. 静态渗吸对致密油开采效果的影响及其应用[J]. 石油化工高等学校学报，2016，29（3）：23-27.

[66] 濮御，王秀宇，杨胜来. 利用 NMRI 技术研究致密储层静态渗吸机理[J]. 石油化工高等学校学报，2017，30（1）：45-48.

[67] 吴润桐，杨胜来，谢建勇，等. 致密油气储层基质岩心静态渗吸实验及机理[J]. 油气地质与采收率，2017，24（3）：98-104.

[68] 吴润桐，杨胜来，王敉邦，等. 致密砂岩静态渗吸实验研究[J]. 辽宁石油化工大学学报，2017，37（3）：24-29.

[69] 刘长利，刘欣，张莉娜，等. 裂缝性特低渗油藏渗吸效果影响因素实验研究[J]. 辽宁石油化工大学学报，2017，37（3）：35-38，50.

[70] 周万富，王鑫，卢祥国，等. 致密油储层动态渗吸采油效果及其影响因素[J]. 大庆石油地质与开发，2017，36（3）：148-155.

[71] Meng Q B，Liu H，Wang J. A critical review on fundamental mechanisms of spontaneous imbibition and the impact of boundary condition，fluid viscosity and wettability[J]. Advances In Geo-Energy Research，2017，1（1）：1-17

[72] 谢坤，韩大伟，卢祥国，等. 高温低渗油藏表面活性剂裂缝动态渗吸研究[J]. 油气藏评价与开发，2017，7（3）：39-43，66.

[73] 王敬，刘慧卿，夏静，等. 裂缝性油藏渗吸采油机理数值模拟[J]. 石油勘探与开发，2017，44（5）：761-769.

[74] Li S，Ding Y，Cai B，et al. Solution for counter-current imbibition of 1D immiscible two-phase flow in tight oil reservoir[J]. Journal of Petroleum Exploration and Production Technology，2017，7（3）：727-733.

[75] 谷潇雨，蒲春生，黄海，等. 渗透率对致密砂岩储集层渗吸采油的微观影响机制[J]. 石油勘探与开发，2017，44（6）：948-954.

[76] 苏煜彬，林冠宇，韩悦. 表面活性剂对致密砂岩储层自发渗吸驱油的影响[J]. 断块油气田，2017，24（5）：691-694.

[77] 党海龙，王小锋，段伟，等. 鄂尔多斯盆地裂缝性低渗透油藏渗吸驱油研究[J]. 断块油气田，2017，24（5）：687-690.

[78] 程时清，汪洋，郎慧慧，等. 致密油藏多级压裂水平井同井缝间注采可行性[J]. 石油学报，2017，38（12）：1411-1419.

[79] 谢坤，卢祥国，曹豹，等. 头台油田茂 503 区块储层物性及增产措施研究[J]. 油气藏评价与开发，2018，8（1）：4-11.

[80] 未志杰，康晓东，刘玉洋，等. 致密油藏自渗吸提高采收率影响因素研究[J]. 重庆科技学院学报（自然科学版），2018，20（2）：39-43.

[81] Ren X，Li A，Wang G，et al. Study of the imbibition behavior of hydrophilic tight sandstone reservoirs based on nuclear magnetic resonance[J]. Energy & Fuels，2018，32（7）：7762-7772.

[82] Kathel P，Mohanty K K. Dynamic surfactant-aided imbibition in fractured oil-wet carbonates[J]. Journal of Petroleum Science and Engineering，2018，170：898-910.

[83] 李斌会，付兰清，董大鹏，等. 松辽盆地北部致密砂岩高温高压吞吐渗吸实验[J]. 特种油气藏，2018，25（1）：140-145.

[84] Shabina A，Ganesh V，Jyoti P. Spontaneous imbibition in randomly arranged interacting capillaries [J]. Chemical Engineering Science，2018，192：218-234.

[85] 李蒙蒙，李琪，林加恩，等. 裂缝性油藏注水井动态渗吸数学模型及特征分析[J]. 西安石油大学学报（自然科学版），2019，34（1）：69-75.

[86] 杨正明，刘学伟，李海波，等. 致密储集层渗吸影响因素分析与渗吸作用效果评价[J]. 石油勘探与开发，2019，46（4）：739-745.

[87] Vilhena O，Farzaneh A，Pola J，et al. Experimental and numerical evaluation of spontaneous imbibition processes in unfractured and fractured carbonate cores with stress-induced apertures[C]//SPE Europec featured at 81st EAGE Conference and Exhibition. OnePetro，2019.

[88] Torcuk M A，Uzun O，Padin A，et al. Impact of chemical osmosis on brine imbibition and hydrocarbon recovery in liquid-rich shale reservoirs[C]//SPE Annual Technical Conference and Exhibition. OnePetro，2019.

[89] Al-Ameri A，Mazeel M A. Effect of injection pressure on the imbibition relative permeability and capillary pressure curves of shale gas matrix[J]. Petrophysics-The SPWLA Journal of Formation Evaluation and Reservoir Description，2020，61（2）：218-229.

[90] Arab D，Kantzas A，Bryant S L. Effects of oil viscosity and injection velocity on imbibition displacement in sandstones[C]//SPE Canada Heavy Oil Conference. OnePetro，2020.

[91] 王付勇，曾繁超，赵久玉. 低渗透/致密油藏驱替-渗吸数学模型及其应用[J]. 石油学报，2020，41（11）：1396-1405.

[92] 王云龙，胡淳竣，刘淑霞，等. 低渗透油藏动态渗吸机理实验研究及数字岩心模拟[J]. 科学技术与工程，2021，21（05）：1789-1794.

[93] 李侠清，张星，卢占国，等. 低渗透油藏渗吸采油主控因素[J]. 油气地质与采收率，2021，28（05）：137-142.

[94] Al-Ramadhan A，Cinar Y，Hussain A，et al. Coupled effect of imbibition capillary pressure and matrix-fracture transfer on oil recovery from dual-permeability reservoirs[C]//SPE Middle East Oil & Gas Show and Conference. OnePetro，2021.

[95] Guo X，Semnani A，Ekekeh D G，et al. Experimental study of spontaneous imbibition for oil recovery in tight sandstone cores under high pressure high temperature with low field nuclear magnetic resonance[J]. Journal of Petroleum Science and Engineering，2021，201：108366.

[96] 张星. 低渗透砂岩油藏渗吸规律研究[M]. 北京：中国石化出版社，2013.

[97] Melrose J C. Use of water vapor desorption data in the determination of capillary pressures[C]//SPE International Symposium on Oilfield Chemistry. OnePetro，1987.

[98] Austad T，Matre B，Milter J，et al. Chemical flooding of oil reservoirs 8. Spontaneous oil expulsion from oil-and water-wet low permeable chalk material by imbibition of aqueous surfactant solutions[J]. Colloids and Surfaces A：Physicochemical and Engineering Aspects，1998，137（1-3）：117-129.

[99] 李继山. 表面活性剂体系对渗吸过程的影响[D]. 中国科学院研究生院（渗流流体力学研究所），2006.

[100] Rapoport L A. Scaling laws for use in design and operation of water-oil flow models[J]. Transactions of the AIME，1955，204（01）：143-150.

[101] Kazemi H，Merrill L S. Numerical simulation of water imbibition in fracture dcores [J]. Soc.Pet.Eng.J，1979，16：175-182.

[102] 凡田友. 裂缝性低渗油藏渗吸规律研究[D]. 青岛：中国石油大学（华东），2012

[103] 王为民，郭和坤，孙佃庆，等. 用核磁共振成像技术研究聚合物驱油过程[J]. 石油学报，1997，18（4）：54-60.

[104] 肖立志，刘堂宴，傅容珊，等. 利用核磁共振测井评价储层的捕集能力[J]. 石油学报，2004，

25（4）：38-41.

[105] 周波，侯平，王为民，等. 核磁共振成像技术分析油运移过程中含油饱和度[J]. 石油勘探与开发，2005，32（6）：78-81.

[106] 王为民，赵刚，谷长春，等. 核磁共振岩屑分析技术的实验及应用研究[J]. 石油勘探与开发，2005，32（1）：56-59.

[107] 陈冬霞，庞雄奇，姜振学，等. 利用核磁共振物理模拟实验研究岩性油气藏成藏机理[J]. 地质学报，2006，80（3）：432-438.

[108] 苗盛，张发强，李铁军，等. 核磁共振成像技术在油气运移路径观察与分析中的应用[J]. 石油学报，2004，25（3）：44-47.

[109] Freedman R，Johnston M，Morriss C E，et al. Hydrocarbon saturation and viscosity estimation from NMR logging in the Belridge Diatomite[J]. The Log Analyst，1997，38（2）：44-59.

[110] 王为民，郭和坤，叶朝辉. 利用核磁共振可动流体评价低渗透油田开发潜力[J]. 石油学报，2001，22（6）：40-44.

[111] GeoQuest，ECLIPSE 100 技术手册，2000.

[112] Warren J E，Root P J. The behavior of naturally fractured reservoirs[J]. Society of Petroleum Engineers Journal，1963，3（3）：245-255.

[113] Kazemi H. Pressure transient analysis of naturally fractured reservoirs with uniform fracture distribution[J]. Society of petroleum engineers Journal，1969，9（4）：451-462.

[114] Gilman J R，Kazemi H. Improvements in simulation of naturally fractured reservoirs[J]. Society of petroleum engineers Journal，1983，23（4）：695-707.

[115] Thomas L K，Dixon T N，Pierson R G. Fractured reservoir simulation[J]. Society of Petroleum Engineers Journal，1983，23（1）：42-54.

[116] Litvak B L. Simulation and characterization of naturally fractured reservoirs[M]. Salt Lake City：Academic Press，1986：561-584.

[117] Sarma P，Aziz K. New transfer functions for simulation of naturally fractured reservoirs with dual-porosity models[J]. SPE Journal，2006，11（3）：328-340.